全国高等院校计算机基础教育"十三五"规划教材

程序设计与实践（C）
实验教程

臧劲松　主　编

黄小瑜　刘丽霞　胡春燕　杨　赞　副主编

夏　耘　主　审

中国铁道出版社有限公司

CHINA RAILWAY PUBLISHING HOUSE CO., LTD.

内 容 简 介

本书是《程序设计与实践（C）》的配套实验指导教程，以培养学生程序设计基本应用能力为目标，涵盖了 C 语言程序设计的主要内容。本书内容包括实验、练习、基本算法与应用三部分。实验部分内容包括 C 程序的基本知识、上机指导思想和目的、常见错误的调试方法及丰富的实践案例；练习部分通过循序渐进的练习，帮助读者熟悉并掌握 C 语言的编程方法和技巧，拓宽程序设计的思路；基本算法与应用部分包括基本算法、程序研发流程、实践项目和实践项目案例。

本书结构清晰，案例全部基于实际场景，在编排上由浅入深，难易兼顾，可读性和逻辑性强，适合作为高等院校 C 语言程序设计课程的实验教程。

图书在版编目（CIP）数据

程序设计与实践(C)实验教程/臧劲松主编. —北京：
中国铁道出版社有限公司，2019.3
全国高等院校计算机基础教育"十三五"规划教材
ISBN 978-7-113-25553-4

Ⅰ.①程… Ⅱ.①臧… Ⅲ.①C 语言-程序设计-
高等学校-教材 Ⅳ.①TP312.8

中国版本图书馆 CIP 数据核字（2019）第 033930 号

书　　名：**程序设计与实践（C）实验教程**
作　　者：臧劲松　主编

策　　划：曹莉群　　　　　　　　　　　　　　读者热线：（010）63550836
责任编辑：周海燕　　徐盼欣
封面设计：刘　颖
责任校对：张玉华
责任印制：郭向伟

出版发行：中国铁道出版社有限公司（100054，北京市西城区右安门西街 8 号）
网　　址：http://www.tdpress.com/51eds/
印　　刷：三河市燕山印刷有限公司
版　　次：2019 年 3 月第 1 版　　2019 年 3 月第 1 次印刷
开　　本：787 mm×1 092 mm　1/16　印张：9.5　字数：224 千
书　　号：ISBN 978-7-113-25553-4
定　　价：28.00 元

人工智能是计算机科学的分支，人工智能的实现是以计算机为工具的，分为硬件实现和软件实现两个层次，前者是借助于专用的设备，后者是利用软件，即编程语言是关键。C语言面向专用设备的同时也面向应用，作为通识课程，C语言是程序设计的首选，如何在C语言语法、顺序结构程序设计、分支结构程序设计、循环结构程序设计、数组、函数、指针、结构体、文件等知识中融入知识表示和进行推理是本书的特色。本书以程序设计思想的掌握为主线，聚焦创智程序设计思想，以编程应用为驱动，通过实验引入问题，由浅入深，循序渐进，重点训练读者的编程思想，能够充分提高读者的编程能力，锻炼读者的工程能力和创新能力，并鼓励读者利用所学C语言知识解决专业的具体问题。

本书由臧劲松任主编，黄小瑜、刘丽霞、胡春燕、杨赞任副主编，夏耘主审。具体编写分工如下：黄小瑜编写实验1和练习1~3，杨赞编写实验2和练习4、5，刘丽霞编写实验3和练习6~8，胡春燕编写实验4和练习10~12，臧劲松编写实验0、实验5和练习9、练习13~17。本书部分内容参考了鲍佳宸的素材和部分网上佚名素材，在此表示诚挚感谢。

由于时间仓促和水平有限，书中难免有不妥之处，竭诚欢迎读者提出宝贵意见。编者联系邮箱：aljahxxy3@163.com。

编　者

2018 年 12 月

目 录

第一部分 实 验

第二部分 练 习

第三部分　基本算法与应用

第一部分

实　　验

实验 **0** ＼ 系 统 安 装

学习一门编程语言的最好方法是编写程序。一般而言，首先需要解决的问题是将需要的信息输出在屏幕上，例如，输出"你好，世界!"。要实现上述输出，需要考虑程序在哪里输入，如何成功编译程序，如何加载程序，以及如何运行程序。解决上述问题后对程序的学习就变得比较容易了。

C 语言程序的工作环境是指集应用程序的编辑、编译、连接、运行和调试等功能以及可视化软件开发为一体的集成开发环境。下面介绍 Code:Blocks 集成开发环境。

Code::Blocks 是一款免费开源的 C/C++ IDE，支持 GCC、MSVC++ 等多种编译器，还可以导入 Dev-C++ 的项目。Code::Blocks 的优点是：跨平台，在 Linux、Mac、Windows 上都可以运行，且自身体积小，安装非常方便。安装 Code::Blocks 与安装普通软件一样，完全的傻瓜式操作，远没有安装 Visual Studio 那么复杂。对于 Windows 用户，其 Code::Blocks 17.12 下载地址如下：

https://sourceforge.net/projects/codeblocks/files/Binaries/17.12/Windows/codeblocks-17.12mingw-setup.exe/download

对于 Mac 用户，其 Code::Blocks 13.12 的下载地址如下：

https://sourceforge.net/projects/codeblocks/files/Binaries/13.12/MacOS/CodeBlocks-13.12-mac.zip/download

一、Code::blocks 集成开发环境的使用

Code::Blocks 的最新版本 codeblocks-17.12 for windows 可以在官网 www.codeblocks.org/downloads 上免费下载。下载时需先选择 Download the binary release 项，然后选择自带 MinGW 编译器的 codeblocks-17.12mingw-setup.exe 下载项。下面以 codeblocks-13.12 为例介绍该环境下开发 C 语言程序的过程。

Code::Blocks 集成开发环境如图 1-0-1 所示。同 Visual Studion 类似，除常规的标题栏、菜单栏、工具栏和状态栏，其还包括工作区、编辑区、日志区。

Code::Blocks 以工作区（Workspace）形式管理工程（Project），一个工作区中可包含多个工程，每个工程只能包含一个入口函数 main()，在 Workspace 选项卡中可以看到包含的工程名称及其工程中所包括的资源文件。编辑区用于源文件的编辑，以不同颜色来强调程序中包含的关键字（深蓝色）、字符串（浅蓝色）、符号（红色）等。日志区用于显示编译、连接时的提示，以及相关文件的路径、执行的时间等信息。

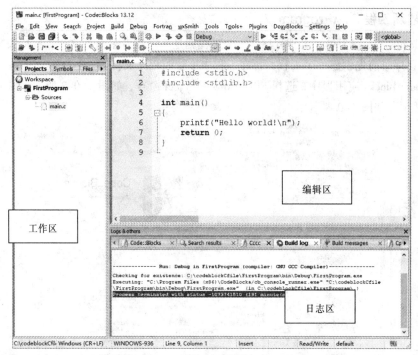

图 1-0-1　Code::Blocks 集成开发环境

Code::Blocks 可以创建单独的 C 程序文件，如图 1-0-2 所示。但单独的文件无法使用调试器，因为 Code::Blocks 的调试器需要一个完整的工程才可以启动。

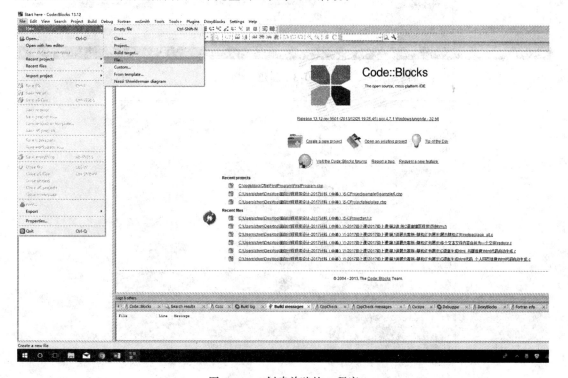

图 1-0-2　创建单独的 C 程序

1. 创建新工程 FirstProgram

Code::Blocks 以工程为单元管理程序，一个工程就是一个或者多个源文件（包括头文件）的集合。创建 C 程序时前先创建一个工程，再在工程中添加源程序文件。

启动 Code::Blocks 应用程序，选择 File→New→Project 命令，如图 1-0-3 所示，弹出 New from template 对话框，如图 1-0-4 所示。

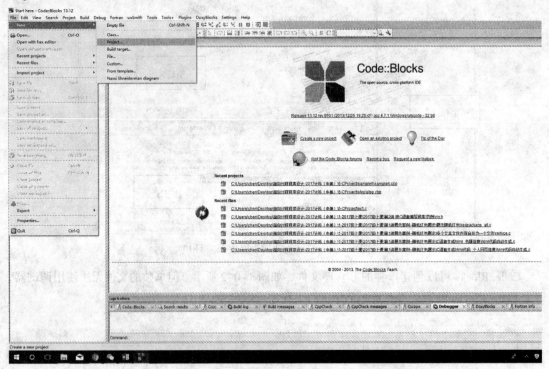

图 1-0-3　新建工程

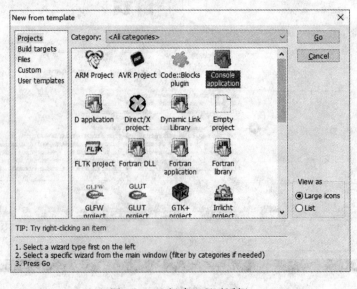

图 1-0-4　新建工程对话框

在 New from template 对话框中，在左边窗格中选择创建 Projects 的向导菜单，在右边的工程类别列表中选择创建工程的类型。创建 C 语言的工程可以选择 Empty project，创立一个空的工程；也可以创建一个控制台应用程序。在此选择 Console application 创建一个控制台应用程序。

单击 Go 按钮进入 Console application 对话框，如图 1-0-5 所示，选择程序语言。如果选择 C，则源程序文件的扩展名为.c；如果选择 C++，则源程序文件的扩展名为.cpp。此处选择 C，单击 Next 按钮。

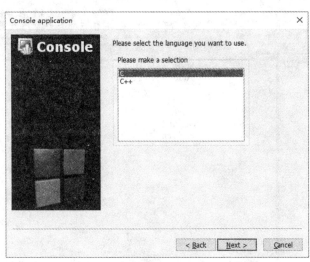

图 1-0-5　Console application 对话框

在图 1-0-6 所示的对话框中，需要填写工程相关的信息。在 Project title 文本框中输入新建工程的名称，此处为 FirstProgram，C 语言的每一个工程组织在一个文件夹中，Code::Blocks 在创建工程时会创建同名的工程文件夹 FirstProgram。选择该工程文件夹所在的位置，可在 Folder to create project in 文本框中直接输入，也可单击其后的按钮，在弹出的"浏览文件夹"对话框中指定，此处为预先创建好的 C:\codeblockCfile 用户自定义文件夹。

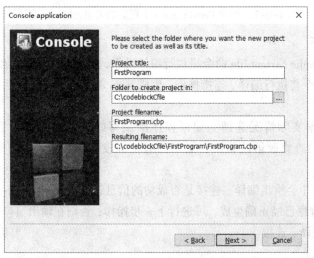

图 1-0-6　填写工程信息

单击 Next 按钮继续，后续的对话框中保留默认值，并单击 Finish 按钮结束，进入 Code::Blocks 集成环境。左边的 Management 窗口中显示了工程的组织结构，如图 1-0-7 所示。工作区 Workspace 用来管理工程，可以包含多个工程，此处有只有工程 FirstProgram。工程 FirstProgram 下的 Sources 用来管理工程中的文件，此处有一个自动生成的源文件 main.c。双击打开 main.c，在右边的编辑区显示第一个 C 程序 main.c 的源程序代码，可以编辑修改代码以实现相应功能。

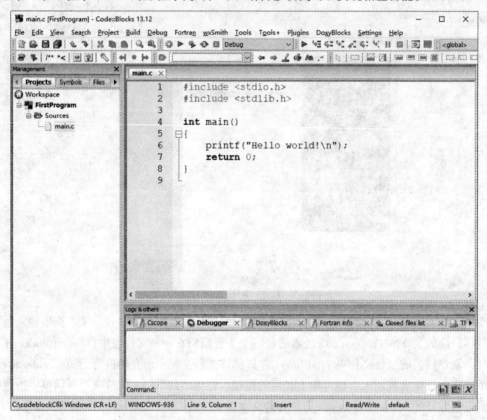

图 1-0-7　创建 FirstProgram 工程后的 Code::Blocks 窗口

2. 编译、连接

选择 Build→Complie current file 命令将执行编译操作，检查语法错误，生成中间文件 main.o。选择 Build→Build 命令将执行编译、连接操作，生成 main.exe 文件 ，工具栏中的 按钮与此命令对应。

程序员可以根据实际情况选择。如果程序刚编写好，可能错误较多，可选择 Complie current file 命令，检查修改语法错误；如果已有把握没有语法错误，可选择 Build 命令，准备执行程序。

在 Bulid log 窗口中会给出编译、连接是否成功的信息，如出现 "0 error(s), 0 warning(s)" 则说明 main .exe 可执行程序已经正确生成，可进行下一步操作；否则在输出窗口中显示出错信息，需要改正错误后重新编译、连接。

3. 运行程序

编译完成后可以选择 Build→Run 命令，或是单击工具栏中的 ▶ 按钮执行程序。Code::Blocks

会在控制台窗口中显示运行的结果，如图 1-0-8 所示。第一行的文本是程序的输出结果。第二行
是程序运行的信息，包括返回值、运行时间等，按任意键关闭窗口。

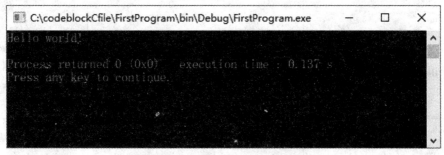

图 1-0-8 在控制台窗口中显示结果

当源程序修改过后，需要再次编译、运行时，可以单击工具栏中的按钮，会先编译、连接
源程序，没有错误就直接运行。如果源程序修改后单击工具栏中的▶按钮，运行的仍然是前一次
生成的可执行文件。

打开保存 C 源程序的工程文件夹 FirstProgram，可以发现除源文件之外，还生成了表 1-0-1
所示的文件和文件夹。

表 1-0-1 Code::Blocks 开发 C 程序产生的文件

文 件 名	位 置	解 释
main.c	FirstProgram\	源程序文件
FirstProgram.cbp	FirstProgram\	工程文件
FirstProgram.layout	FirstProgram	关于开发环境的参数文件
main.o	FirstProgram\obj\Debug	编译产生的中间文件
FirstProgram.exe	FirstProgram\bin\Debug	生成的可执行工程文件

4．关闭工程文件

选择 File→Close project 命令则关闭当前活动工作区。Code::Blocks 的一个工程中只能包含一
个含有 main 函数的源程序文件，当一个 C 程序完成，要开始编写另一个 C 程序时，一定要再新
建一个工程，在一个工作区中有多个工程存在时，编译、连接及运行操作都是针对当前选中的
工程。

5．打开工程文件

选择 File→Open 命令，选择相应的扩展名为.cbp 的工程文件，即能打开对应的工程，也可以
直接拖动.cbp 文件的图标到 Code::Blocks 的工作区中。

二、常见错误小结

1．程序代码造成的错误

常见代码错误汇总表如表 1-0-2 所示。

表 1-0-2　常见代码错误汇总表

常见错误实例	错误描述	错误类型

`#include <stdio.h>`
`int main()`
`{`
`    printf("Hello C!\n")`
`    return 0;`
`}`
	printf("Hello C!\n")语句结束后缺少分号（;），C 语言要求以分号作为语句的结束符号	语法错误，编译时出错

`#include <stdio.h>`
`int main()`
`{`
`    print("Hello C!\n");`
`    return 0;`
`}`
	print("Hello C!\n");语句中的函数名 printf 拼写错误，连接器把 print 符号串看成是外部函数，但又找不到该函数，产生一个连接错误	语法错误，连接时出错

`#include <stdio.h>`
`int main()`
`{`
`    int n,sum;`
`    double ave;`
`    n=10;`
`    sum=43;`
`    ave=sum/n;`
`    printf("average=%.1f",ave);`
`    return 0;`
`}`
	该程序本要求屏幕显示结果如下：
	　average=4.3
	但实际显示结果为：
	　average=4.0
	因为 sum/n 表达式中两个整数相除的结果为整数，截取了小数部分，所以结果不正确
		逻辑错误，运行结果不正确

2．开发程序操作不当造成的错误

（1）当源程序文件被修改过后，需要再次经过编译、连接再运行，否则运行的仍是前一次生成的可执行文件。

（2）Code::Blocks 集成环境中，开发 C 程序时经常会出现再次新建的含有 main()函数的程序文件没有任何错误，但却不能正常编译和运行的情况。这是由于新建的程序文件依然建在前一个程序文件的 Project 中，导致一个 Project 包含了一个以上的 main()函数，而 Visual Studio 和 Code::Blocks 都要求一个 Project 中只能包含一个 main()函数。因此必须牢记不同的程序文件要放在不同的 Project 中。

三、自测题

1．运行下列程序，根据输出信息，理解转义字符

源程序 1:

```
#include <stdio.h>
int main()
{
```

```
    printf("hello, ");
    printf("world");
    printf("\n");
    return 0;
}
```

源程序 2:
```
#include <stdio.h>
int main()
{
    printf("hello,\n ");
    printf("world\n");
    printf("\n");
    return 0;
}
```

源程序 3:
```
#include <stdio.h>
int main()
{
    printf("\n\thello, ");
    printf("world!\n");
    return 0;
}
```

2. 体验下列程序的功能

源程序:
```
#include <stdio.h>
#include <windows.h>
void color(short x) //自定义函根据参数改变颜色
{
    if(x>=0 && x<=15)//参数在 0-15 的范围颜色
        SetConsoleTextAttribute(GetStdHandle(STD_OUTPUT_HANDLE),x);  //只有一
个参数，改变字体颜色
    else//默认的颜色白色
        SetConsoleTextAttribute(GetStdHandle(STD_OUTPUT_HANDLE),7);
}
int main()
{
    int i;
    printf("此处为没调用颜色函数之前默认的颜色\n");
    //调用自定义 color(x)函数 改变的颜色
    color(0);     printf("黑色\n");
    color(1);     printf("蓝色\n");
    color(2);     printf("绿色\n");
    color(3);     printf("湖蓝色\n");
    color(4);     printf("红色\n");
    color(5);     printf("紫色\n");
    color(6);     printf("黄色\n");
    color(7);     printf("白色\n");
    color(8);     printf("灰色\n");
    color(9);     printf("淡蓝色\n");
```

```
        color(10);    printf("淡绿色\n");
        color(11);    printf("淡浅绿色\n");
        color(12);    printf("淡红色\n");
        color(13);    printf("淡紫色\n");
        color(14);    printf("淡黄色\n");
        color(15);    printf("亮白色\n");
        color(16);     //因为这里大于15，恢复默认的颜色
    printf("回到原来颜色\n");
    //直接使用颜色函数
    SetConsoleTextAttribute(GetStdHandle(STD_OUTPUT_HANDLE),FOREGROUND_RED
| FOREGROUND_INTENSITY | BACKGROUND_GREEN | BACKGROUND_INTENSITY);
    printf("红色字体   前景加强 绿色背景 背景加强\n");
    SetConsoleTextAttribute(GetStdHandle(STD_OUTPUT_HANDLE),15 | 8 | 128 |
64);
    printf("亮白色字体 前景加强 红色背景 背景加强\n");
    //声明句柄再调用函数
    HANDLE JB=GetStdHandle(STD_OUTPUT_HANDLE);//创建并实例化句柄
    SetConsoleTextAttribute(JB, 2 | 8);
    printf("颜色及对应数字表: \n");
    for(i=0;i<1000;i++){
        //color(16);printf(" ");
        SetConsoleTextAttribute(GetStdHandle(STD_OUTPUT_HANDLE),i);
        printf("%-3d",i);
        color(16);printf(" ");
        if(i%16==0)   printf("\n");
    }
    color(16);
    return 0;
    //类似的函数还有 system("color XX"); (X 是十六进制 0~F 之间的数，不过这种函数改变的
是整个画面，而不能让多处局部变色
}
```

实验 1 认识程序

一、知识导图

本实验知识导图如图 1-1-1 所示。

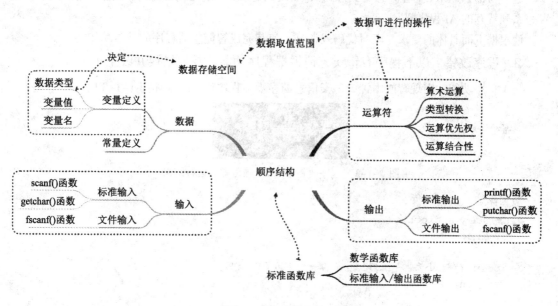

图 1-1-1　知识导图

二、实验目的

- 熟悉 C 语言编程的顺序编程框架。
- 熟悉数据的定义。
- 熟悉数据的输入和输出。
- 熟悉简单的数据运算操作。
- 了解文件的基本操作。

三、实验内容

1. 问题背景

人工智能正在深刻地改变着生活与社会，智能程序无处不在，它渗透于生活中的点点滴滴。

设想每天您在智能闹钟（见图 1-1-2）的个性呼唤中醒来："小天，现在是 2020 年 4 月 1 日早上 7 点，新的一天开始了！"。洗漱之后，如果是过去，您肯定还在烦恼早餐如何解决，而现在，智能的烹饪机器人已经为您将一切都准备好了。

图 1-1-2　智能闹钟

贴心的烹饪机器人婷婷从健康监测系统中获取到数据，并根据您的口味及爱好，为您准备好了一份营养早餐：一杯牛奶、一个鸡蛋、一盘水果沙拉、两个您爱吃的煎饼果子。

健康的早餐让您精力充沛、心情愉悦，然后您可以启动智能小车——小智，开始一天的工作。只需您通过语音说出密码，即可开启座驾，小智将根据您预计的使用时间，精确地判断出您到公司的时间……

这一切都如此贴心，让人感觉到您的 AI 朋友无处不在。现在就模仿这个情景，帮您的朋友设置一系列特有的 AI 程序吧。

请根据下面具体的要求，填写代码或调试，使其完成智能生活程序的基本功能。

2．程序改错（以下程序有错误，请根据程序功能，找出错误并改正）

（1）程序功能：实现智能闹钟中早安信息的显示。程序运行结果如图 1-1-3 所示。

图 1-1-3　程序改错第（1）题正确的运行结果

源程序：
```c
#include <stdio.h>
int main()
{
    print("\t 小天，早上好！\t 新的一天开始了！\n");
    return 0;
}
```

（2）程序功能：智能小车小智设置了问题提问系统。问题是询问年龄，只有输入正确的年龄，小车才能正确启动。编程实现这个小车问题启动程序。输入年龄，输出图 1-1-4 所示的信息。

```
上班时间到了，快去呼叫小智吧！
　　　　　请输入密码．
你多大了？
25
　　　　欢迎使用小智，新的一天启动了！
```

图 1-1-4　程序改错第（2）题正确的运行结果

源程序：
```c
#include <stdio.h>
int mian()
{
    int ages;
    printf("\t 上班时间到了，快去呼叫小智吧！\n");
    printf("\t 请输入密码.\n 你多大了？\n")
```

```
scanf("%2d",age);  //输入函数, 输入整数年龄值
if(age=PWD)
    printf("\t 欢迎使用小智, 新的一天启动了! \n");
else
    printf("\t 对不起, 您不是小智的主人! \n");
return 0;

}
```

3. 程序填空（根据程序功能, 将空白处补充完整）

（1）程序功能: 利用智能烹饪程序将主人的早餐清单显示出来。程序运行结果如图 1-1-5 所示。

图 1-1-5　程序填空第（1）题正确的运行结果

源程序:
```
int main()
{
    _____
    printf("\t\t----------------------------------------\n");
    printf("\t\t 品名      |    能量/ka|        含量/g  |\n");
    printf("\t\t----------------------------------------\n");
    _____
    _____
    _____
    _____
    printf("\t\t----------------------------------------\n");
    return 0;
}
```

（2）程序功能: 启动智能汽车程序后, 可输入预计时长, 统计并计算预计到达公司的时间。程序运行结果如图 1-1-6 所示。

图 1-1-6　程序填空第（2）题正确的运行结果

```
int main()
{
    int use;
    FILE *fp;
    int hour,min;
```

```
    fp=fopen(_____);

    printf("\n\t\t 现在时间是: %02d:%02d\n",hour,min);
    printf("\t 输入预计使用的时间(分钟): ");
    _____
    min=min+use;
    if(min>=60)
    {   hour=hour+1;
        min=min-60;
    }
    _____
    fclose(fp);
}
```

4. 编程题

（1）设置智能系统欢迎界面，并编码实现。运行结果如图 1-1-7 所示。

图 1-1-7 编程题第（1）题的运行结果

（2）编程实现智能闹钟。从文件中读取时间信息，显示早安信息，并发出轰鸣声，使用函数 Beep(494, 200);，运行结果如图 1-1-8 所示。

提示：Beep(频率,持续时间);//其中频率的单位是 Hz，持续时间的单位是 ms

图 1-1-8 编程题第（2）题的运行结果

5. 优化程序

根据以上程序，对整个过程进行优化，如增加一些智能功能，或美化智能程序的界面等。

四、调试备忘录

常见错误汇总表如表 1-1-1 所示。

表 1-1-1 常见错误汇总表

常见错误实例	错 误 描 述	相 关 知 识
int main() { a=10; ... }	变量 a 未定义就使用	变量必须先定义后使用，避免未定义或未赋值就使用

常见错误实例	错 误 描 述	相 关 知 识
scanf("%d",a)	变量名前面没有加地址运算符&	没有变量地址，会导致程序运行中断
int a=7; printf("%f",a);	数据类型和格式字符不一致	整数用浮点格式输出，会导致运行结果为 0.00000； 浮点数用整型格式输出，会输出非常大的数
int a=7,b=8; printf("%d",a,b);	格式字符个数与输出项个数不一致	格式字符个数多于输出项，会多输出随机值； 格式字符少于输出项，只会输出前面几项

int main()
{
    char c = a;
    ...
}
	字符常量少单引号	字符常量和变量区分：a 与'a'

int main()
{
    float x = 9/2;
    ...
}
	数据自动转换造成的数据丢失	9/2 是整数相除，只取商，导致数据精度损失。
		注意混合运算时数据类型的转换过程

实验 2 分类器构建

一、知识导图

本实验知识导图如图 1-2-1 所示。

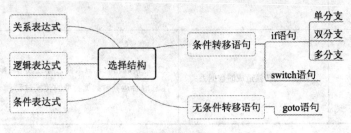

图 1-2-1 知识导图

二、实验目的

- 了解选择结构的意义和基本实现语句。
- 掌握单分支、双分支、多分支条件语句的使用。
- 掌握 switch 语句的正确使用。
- 理解并能正确使用关系表达式和逻辑表达式。
- 理解分支的嵌套，能解决复杂的逻辑判断与分类问题。
- 正确应用选择结构解决实际生活问题。

三、实验内容

1. 问题背景

随着食品安全问题的日益突显，人们越来越关注自身健康情况，"有病早治、无病预防"的健康理念逐渐深入人心，从 "患病求医" 向 "健康管理" 的转变已经成为 21 世纪世界医疗卫生体系的重要思想。因此，我国各地医疗卫生机构相继推出以 "健康为中心" 的体检服务以满足人们的需求。一般来说，体检机构只负责检查，并不诊断，体检人若对体检结果不清楚，需要到医院咨询医生，耗时耗力。健康体检诊断自助服务系统（见图 1-2-2）可以对一些常规体检项目给出诊断结果。请设计该系统实现一些常规体检项目的查询。

完成该系统的设计首先需要对体检项目进行分类，分类通过以下几部分完成：

（1）菜单选择。

（2）菜单选项的有效性判断。

（3）数值和指标分类。

（4）体脂、血压、血糖、心率查询。

（5）癌症指标分类查询。

（6）综合体检指标分析。

（7）退出菜单的确定。

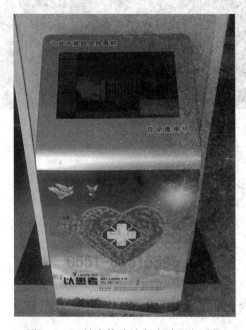

图 1-2-2 健康体检诊断自动服务系统

2. 程序改错（以下程序有错误，请根据程序功能，找出错误并改正）

程序功能：菜单选择。该系统首先显示菜单，菜单选项为 0~3。首先请用户输入菜单选项，判断用户的菜单选项是否正确。若正确，则输出"您要查询什么呢？"，然后显示下一级菜单；若错误，则输出"您的菜单选项输入错误，请重新输入！"。

程序运行结果如图 1-2-3 和图 1-2-4 所示。

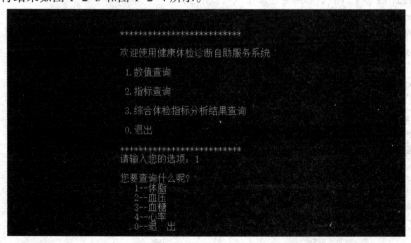

图 1-2-3 菜单选择正确界面

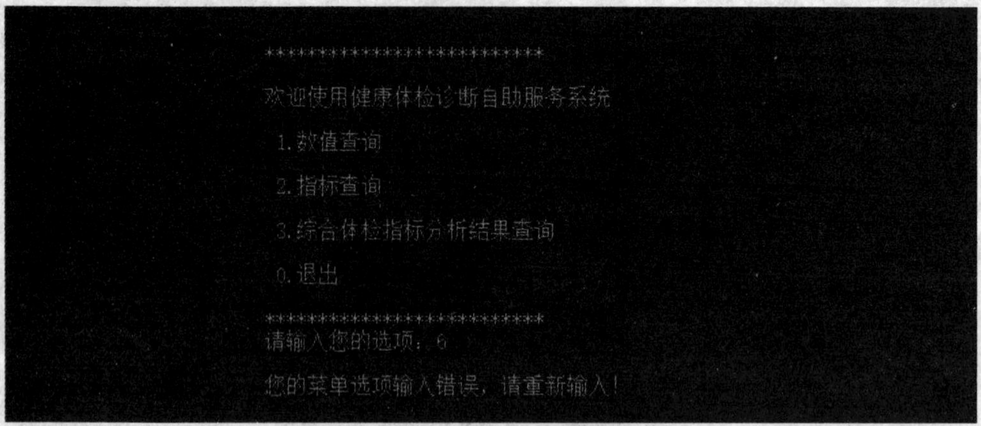

图 1-2-4　菜单选择无效界面

源程序：

```c
#include <stdio.h>
void domenu1(char choice1);
void display_menu2();
int main()
{
    char choice;   //菜单选项
    printf("\n\n");
    printf("\t\t\t*************************\n\n");
    printf("\t\t\t 欢迎使用健康体检诊断自助服务系统    \n\n");
    printf("\t\t\t 1.数值查询 \n\n");
    printf("\t\t\t 2.指标查询\n\n");
    printf("\t\t\t 3.综合体检指标分析结果查询 \n\n");
    printf("\t\t\t 0.退出 \n\n");
    printf("\t\t\t*************************\n");
    printf("\t\t\t 请输入您的选项: ");
    scanf("%c",choice);
    if(0<choice<4)
    { printf("\n\t\t\t 您要查询什么呢?\n");
      domenu1(choice);}
    else if(choice=0) {printf("\n\t\t\t 欢迎下次再次使用!\n");exit(0);}
    else printf("\n\t\t\t 您的菜单选项输入错误，请重新输入! \n");
}
void domenu1(char choice1)
{   switch(choice1)
    { case 1:display_menu2();
      case 2:display_menu2();   //此处不算错，后续完善后再改调其他函数
      case 3:printf("\n\t\t\t 请分别输入身高、体重、血压值、血糖值（数据间隔为空格）\n");
      case 0:exit(0);
    }
}
void display_menu2()
{
    printf("\t\t\t   1--体脂\n");
```

```
    printf("\t\t\t   2--血压\n");
    printf("\t\t\t   3--血糖\n");
    printf("\t\t\t   4--心率\n");
    printf("\t\t\t   0--退 出 \n");
}
```

3. 程序填空（根据程序功能，将空白处补充完整）

在系统的数值查询中，用户可以查询自己的体脂、血压、血糖和心率。

程序功能：通过菜单查询用户的血压和血糖情况。请将程序补充完整以实现用户血压和血糖的查询。血压和血糖的类别分别参见表 1-2-1 和表 1-2-2。

表 1-2-1　血压类别表

类　　别	收 缩 压	舒 张 压
低血压	<90	<60
正常血压	90~120	60~80
正常高值	120~139	80~89
1 级高血压（轻度）	140~159	90~99
2 级高血压（中度）	160~179	100~109
3 级高血压（重度）	≥180	≥110
单纯收缩性高血压	≥140	<90

表 1-2-2　血糖类别表

类　　别	空腹（毫摩尔/升）	餐后 2 小时（毫摩尔/升）
低血糖	<3.9	<4.4
血糖正常	3.9~6.1	4.4~7.8
疑似糖尿病	6.1~11.1	7.8~11.1
糖尿病	≥11.1	≥11.1

部分结果查询如图 1-2-5 所示。

源程序：

```
#include <stdio.h>
int main()
{   int choice1;
    int shuzhang,xuetang,ya;
    printf("\n\n\t\t\t*******欢迎继续使用健康体检诊断自助服务系统****** \n");
    printf("\n\t\t\t   1--体脂\n");
    printf("\t\t\t   2--血压\n");
    printf("\t\t\t   3--血糖\n");
    printf("\t\t\t   4--心率\n");
    printf("\t\t\t   0--退 出 \n");
    /****多分支结构实现选择血压、血糖等部分查询****/
    printf("\n\t\t\t请进行菜单选择: ");
    scanf("%d",&choice1);
```

```
            switch(_____)
            {  case 1:  printf("\t\t\t 抱歉！功能待扩充\n") ;    break;
                case 2:  printf("\t\t\t 请输入您的血压值（舒张压）: ") ;
                         scanf("%d",&shuzhang) ;
                         ya=xueyanp(shuzhang);
                         if(_____)  printf("\n\t\t\t 请注意！您的血压偏高！\n");
                         else if(_____) printf("\n\t\t\t 请注意！您的血压偏低！\n");
                         _____ printf("\n\t\t\t 恭喜您！您的血压正常！, 请继续保持！\n");break;
                 case 3:  printf("\t\t\t 请输入您的空腹血糖值: ") ;
                          scanf("%d",&xuetang) ;
                          if(_____)  printf("\n\t\t\t 请注意！您的血压糖偏高！可确
诊为糖尿病\n");
                          _____(xuetang >6.1) printf("\n\t\t\t 请注意！您的血糖偏高！疑
似糖尿病，请做进一步检查！\n");
                          _____(xuetang >3.9) printf("\n\t\t\t 恭喜您！您的血糖正常！,
请继续保持！\n");
                          else printf("\n\t\t\t 请注意！您的血糖偏低！\n");break;
                 case 4:  printf("\n\t\t\t 抱歉！功能待扩充\n") ;
                 }
            }
/******判断血压情况******/
int xueyanp(int x)                    //形参 x 表示血压的舒张压
{ int z;                              // 取值不同标识血压状态不同
  if(_____)  z=-1;             //血压低
  else if(_____) z=1;          //血压正常
  _____ z=2;                     //血压高
  return z;
}
```

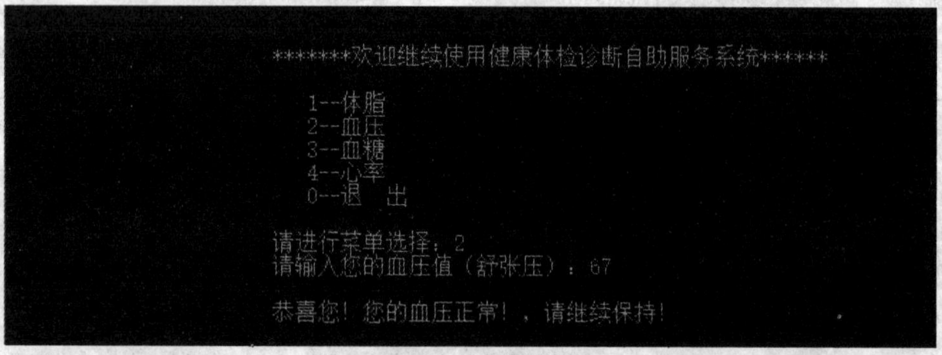

图 1-2-5　血压查询结果界面

4．编程题

健康体检诊断自助服务系统的概要设计如图 1-2-6 所示。请在原有功能基础上，增加体脂查询、心率查询和指标查询，并将其与原有功能（程序改错题和程序填空题完成的功能）整合到一起，完整实现服务系统的查询。

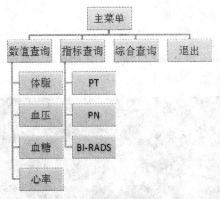

图 1-2-6 健康体检诊断自助服务系统概要设计

本系统查询过程主要为：首先显示欢迎界面，然后进行主菜单选择，界面如图 1-2-7 所示。

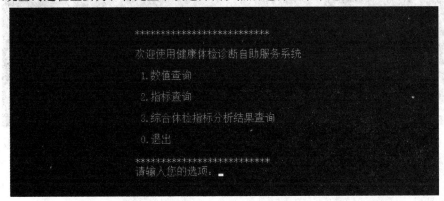

图 1-2-7 健康体检诊断自助服务系统界面

选择菜单 1，显示下一级数值查询菜单，如图 1-2-8 所示。

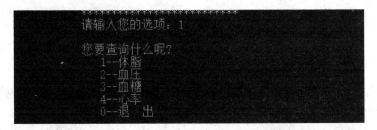

图 1-2-8 健康体检诊断自助服务系统数值查询界面

体脂的判断依据是：根据权威部门公布成人标准身高、体重计算公式，男性标准体重（kg）为(身高(cm)-100)×0.9(kg)；女性标准体重（kg）为(身高(cm)-100)×0.9(kg)-2.5(kg)，过度胖瘦对身体健康都不利。体重怎样算正常，又怎样算肥胖呢？

超瘦：标准体重的 80% 以下。

偏瘦：标准体重的 80%~90%。

正常体重：标准体重×(1±10%)。

超重：标准体重的 110%~120%。

轻度肥胖：标准体重的 120%~130%。

中度肥胖：标准体重的 130%~150%。

重度肥胖：标准体重的 150% 以上。

（1）在函数 int tizhi(float high,float weight) 中完成体脂查询，查询结果分为正常、偏瘦、超重和肥胖四种情况即可。查询界面如图 1-2-9 所示。

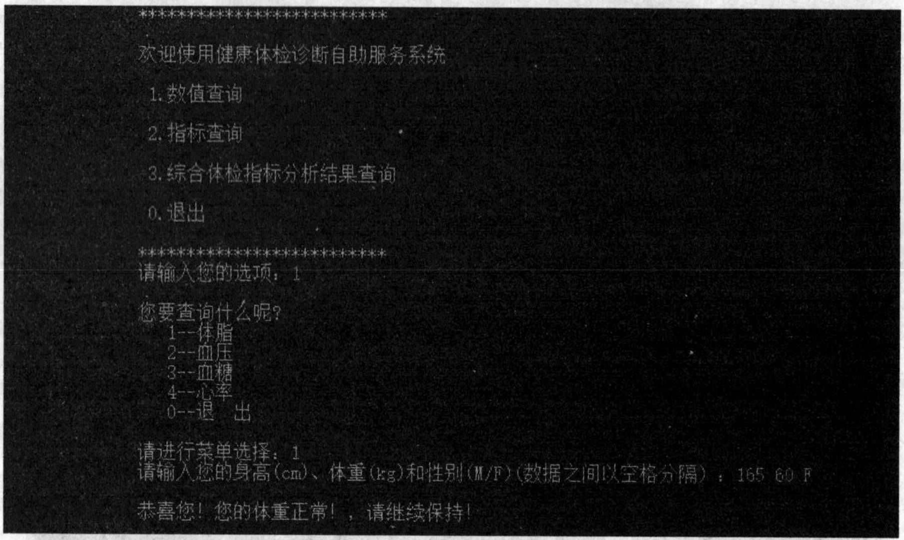

图 1-2-9　体脂查询界面

```
/******体脂查询******/
void  tizhi(float high,float weight,char s)    //形参 high、weight、s 分别表示身高、
体重、性别
{



}
```

（2）继续扩充功能模块：查询心率。

安静状态下，成人正常心率为 60~100 次/分钟，理想心率应为 55~70 次/分钟（运动员的心率较普通成人偏慢，一般为 50 次/分钟左右）。

成人安静时心率超过 100 次/分钟（一般不超过 160 次/分钟），称为窦性心动过速。

成人安静时心率低于 60 次/分钟（一般在 45 次/分钟以上），称为窦性心动过缓，如果心率低于 40 次/分钟，应考虑有病态窦房结综合征、房室传导阻滞等情况。

在函数 int xinlv(int xlv) 中完成心率查询，查询结果可分为正常、过速和过缓三种情况。

```
/******心率查询******/
void  xinlv(int xlv)    //形参 xlv 表示心率
{



}
```

（3）主菜单选项如果为 2——指标查询，则进入指标查询菜单。指标查询界面如图 1-2-10 所示。

图 1-2-10 指标查询界面

请在 display_zbmenu()函数中编程实现指标查询界面显示。

```
/******指标查询界面******/
void display_zbmenu()
{

    //参照图 1-2-10 完成输出代码

}
```

（4）癌症指标代号含义如图 1-2-11 和图 1-2-12 所示。请在 void zbsearch(int choice2,int num)
函数中编程实现癌症指标的查询。（查询代号范围为 0~4、x）。查询界面如图 1-2-13 所示。

肿瘤病理分级	代号含义
PT	原发肿瘤
PTis	浸润前癌（原位癌）
PT0	手术切除物的组织学检查未发现原发肿瘤
PT1，PT2，PT3，PT4	原发肿瘤逐级增大
PTx	手术后及组织病理学检查均不能确定肿瘤的浸润范围
PN	局部淋巴结
PN0	未见局部淋巴结转移
PN1，PN2，PN3，	局部淋巴结转移逐渐增加
PN4	邻近局部淋巴结转移
PNx	肿瘤浸润范围不能确定

图 1-2-11 肿瘤病理分级含义

分级	诊断	恶性可能性
BI-RADS0级	不确定	信息不充分，不能判读，需要再次检查
BI-RADS1级	阴性	0%
BI-RADS2级	良性	0%
BI-RADS3级	可能良性	≤2%(需要随访,3-6个月后复查)
BI-RADS4级	拟似恶性（需要组织学诊断）	>2%但<95%，没有乳腺癌的典型特征，良性可能较大，需要病理活检
BI-RADS5级	高度提示恶性	≥95%，需要进一步诊治
BI-RADS6级	活检已证实恶性（临床择期手术）	用于评估恶性肿瘤的治疗效果

图 1-2-12 BI-RADS 病理分级含义

```
/********指标查询模块************/
void zbsearch(int choice2,int num)    //形参 choice2 表示菜单选项，num 表示指标分级数
{


}
```

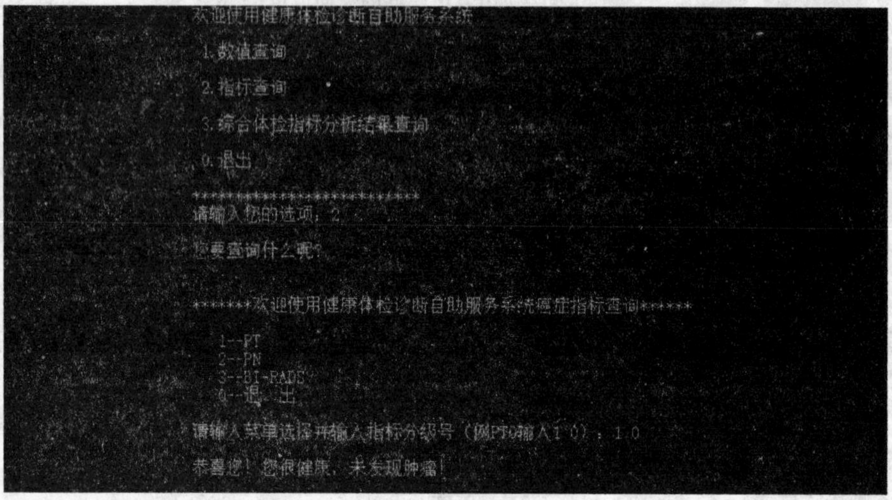

图 1-2-13　指标查询界面

（5）请在主函数中调用体脂查询函数、心率查询函数、指标查询菜单显示和查询函数，实现体检项目查询的完整过程。

```
/************************以下为主函数************************/
#include <stdio.h>
void domenu1(char choice1);
void display_menu2();
void display_zbmenu();
void szsearch(int choice1);
void tizhi(float high,float weight,char s) ;
void xinlv(int xlv) ;
void zbsearch(int choice2,int num);
int main()
{
  char choice;//菜单选项
  printf("\n\n");
  printf("\t\t\t****************************\n\n");
  printf("\t\t\t欢迎使用健康体检诊断自助服务系统   \n\n");
  printf("\t\t\t 1.数值查询 \n\n");
  printf("\t\t\t 2.指标查询\n\n");
  printf("\t\t\t 3.综合体检指标分析结果查询 \n\n");
  printf("\t\t\t 0.退出 \n\n");
  printf("\t\t\t****************************\n");
  printf("\t\t\t 请输入您的选项: ");
  scanf("%c",&choice);
  if(choice>'0'&&choice<='3')
```

```
     { printf("\n\t\t\t 您要查询什么呢?\n");
        domenu1(choice);}
    else if(choice=='0')  {printf("\n\t\t\t 欢迎下次再次使用!\n");exit(0);}
    else printf("\n\t\t\t 您的菜单选项输入错误，请重新输入! \n");
}
void domenu1(char choice1)
{   int choice2,num;
    switch(choice1)
  {  case '1': display_menu2();
           printf("\n\t\t\t 请进行菜单选择: ");
           scanf("%d",&choice2);
           szsearch(choice2);break;//数值查询
      case '2':display_zbmenu();
           printf("\n\t\t\t 请输入菜单选择并输入指标分级号（例 PTO 输入 1 0）: ");
           scanf("%d%d",&choice2,&num);
           zbsearch(choice2,num);break; //指标查询
      case '3':printf("\n\t\t\t 请分别输入身高、体重、血压值、血糖值（数据间隔为空格）
\n");break;    //该部分可自定义函数优化扩充
    }
}
 void display_menu2()
 {
    printf("\t\t\t   1--体脂\n");
    printf("\t\t\t   2--血压\n");
    printf("\t\t\t   3--血糖\n");
    printf("\t\t\t   4--心率\n");
    printf("\t\t\t   0--退  出 \n");
}
/******数值查询******/
void szsearch(int choice2)
{
   int shuzhang,xuetang,ya,xlv;
   float high,weight;char s;

/****多分支结构实现血压、血糖等部分查询****/
switch(choice2)
{
  case 1:printf("\t\t\t 请输入您的身高(cm)、体重(kg)和性别(M/F)(数据之间以空格分隔):
") ;
        scanf("%f%f %c",&high,&weight,&s) ;
        tizhi(high,weight,s);break;
  case 2: {                       }  //对应填空题血压查询部分代码
  case 3: {                       }  //对应填空题血糖查询部分代码
  case 4:   printf("\t\t\t 请输入您的心率: ") ;
          scanf("%d",&xlv) ;
          xinlv(xlv) ;
     }
}
/******判断血压情况******/
int xueyanp(int x)               //形参 x 表示血压的舒张压
```

```
{ int z;                         //取值不同标识血压状态不同
  if(x<60)  z=-1;                //血压低
  else if(x<80) z=1;            //血压正常
  else z=2;                      //血压高
  return z;
}
```

```
/******体脂查询******/
void  tizhi(float high,float weight,char s)  //形参high、weight、s分别表示身高、体
重、性别
{



}
```

```
/******心率查询******/
void  xinlv(int xlv)     //形参xlv表示心率
{



}
```

```
/******指标查询界面******/
void display_zbmenu()
{



}
```

```
/******指标查询模块******/
void  zbsearch(int choice2,int num)  //形参choice2表示菜单选项，num表示指标分级数
{



}
```

5．程序优化

与实际体检查询相结合，将健康体检诊断自助服务系统继续更新并完善如下功能：

（1）结合实际问题扩展功能模块并使查询更加详细。

（2）将系统的查询过程分解为独立函数模块实现。

（3）实现数据的有效性验证，使程序更加健壮和有效。

（4）菜单可以重复选择，随意返回上级菜单和进入下一级菜单。

（5）增加程序的友好性，退出时进行确认。

四、调试备忘录

选择结构程序常见错误汇总表如表 1-2-3 所示。

表 1-2-3 选择结构程序常见错误汇总表

常见错误实例	错误描述	相关知识

#include <stdio.h>
int main()
{
  float r,s;
  scanf("%f",&r);
  if(r>=0)
    s=3.14*r*r;
    printf("s=%7.1f",s);
  else
    printf("半径应为非负数");
  return 0;
}
	'else'　without a previous 'if '	if 语句表达式为真时，只能执行一条语句，如果要执行多条语句，多条语句应该加花括号，构成复合语句，复合语句在语法上相当于一条语句

#include <stdio.h>
int main()
{
  int x,y;
  printf("请输入 2 个数：\n");
  scanf("%d%d",&x,&y);
  if(x>y);
    printf("%d",x);
  else printf("%d",y);
  return 0;
}
	'else'　without a previous 'if '	if 语句表达式为真时，只能执行一条语句，如果要执行多条语句，多条语句应该加花括号，构成复合语句，C 语言中分号 ";" 是一条空语句，if 条件表达式后右圆括号后因为加上 ";"，故表达式为真时执行的是 2 条语句，错误原因同上

#include <stdio.h>
int main()
{
  float x;
  scanf("%f",&x);
  switch(x)
  {case1:printf("%f",x);break;
  case2:printf("%f",x*x);break;}
  return 0;
}
	switch quantity not a integer	switch 语句圆括号中表达式是可列型，float 为不可列

续表

常见错误实例	错误描述	相关知识

``c
#include <stdio.h>
int main()
{
  char ch;
  scanf("%c",&ch);
  switch(ch)
  {
    case 1:printf("Good!");break;
    case 2:printf("Fail!");break;
  }
  return 0;
}
``
	运行结果错	case 后面常量的数据类型与 switch 后表达式的类型应该一致

``c
#include <stdio.h>
int main()
{
  int x,y;
  scanf("%d%d",&x,&y);
  switch()
  {
    case x>y:printf("%d",x);break;
    case x<y:printf("%d",y);break;
  }
  return 0;
}
``
	switch() 错
	x>y 错
		case 后面的常量只起标号的作用，不做关系或逻辑判断

``c
#include <stdio.h>
int main()
{ int x,y;
  scanf("%d%d",&a,&b);
  if(x=y)
    printf("两个数相同");
  else
    printf("两个数不相同");
  return 0;
}
``
	运行结果错	判等时误将 "==" 写为 "="，导致运行结果错

``c
#include "stdio.h"
main()
{ int a,b,c;
  printf ("请输入 3 个整数：\n");
  scanf ("%d%d%d",&a,&b,&c);
  if (a==b)
    if(b==c)
      printf("三个数相等");
  else
    printf("前 2 个数不相等");
}
``
	输入部分数据时结果错，例如 3 3 2	if 与 else 不是成对出现时，else 的配对原则是与其上面离其最近的尚未配对的 if 进行配对。要想正确地实现语句之间的逻辑关系可通过加 { } 来实现

实验 3 \ 自动问答器构建

一、知识导图

本实验知识导图如图 1-3-1 所示。

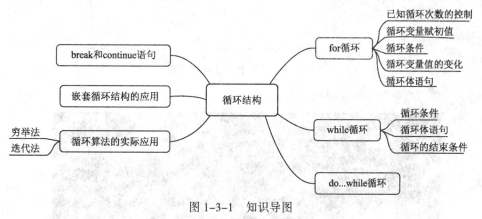

图 1-3-1　知识导图

二、实验目的

- 了解循环结构的意义和基本实现语句。
- 正确理解 for 循环结构中的表达式的含义。
- 正确利用 while、do...while 语句进行循环结构设计。
- 理解 break 语句和 continue 语句并应用。
- 正确应用循环结构解决实际生活问题。

三、实验内容

1. 问题背景

随着互联网技术的发展，智慧城市的建设推进了服务领域的快速发展。随着社区智能化程度的不断提高，智慧社区的建设涌现出各种不同的解决方案。假如，我们要提升某市光明小区内居民生活的智能化，为社区构建自动问答系统，提出微菜场的解决方案。微菜场采取全程冷链配送，通过恒温无人售菜终端进行全智能自动售菜，小区内要求配备一款全智能自动售菜机，如图 1-3-2 所示。

图 1-3-2　全智能自动售菜机

2．程序改错（以下程序有错误，请根据程序功能，找出错误并改正）

程序功能：全智能自动售菜机刷卡验证。从文件中读取已有用户卡号，并验证卡号是否存在，正确则登录成功，否则提示"卡号不存在，刷卡失败！"。

文件中卡号信息结构如图 1-3-3 所示。

图 1-3-3　文件中卡号信息结构

程序运行结果参照图 1-3-4 和图 1-3-5 完成。

图 1-3-4　刷卡成功界面

图 1-3-5　刷卡失败界面

源程序：

```c
#include <stdio.h>
int main()
{
    int knum;           //存储用户卡号
    int num;            //存储文件中的卡号
```

```
FILE *fp;
int flag=0;                //标记变量
printf("\n\n");
printf("\t\t\t***************************\n\n");
printf("\t\t\t欢迎使用全智慧自动售菜机   \n\n");
printf("\t\t\t***************************\n");
printf("\t\t\t请输入您的卡号: ");
scanf("%d",knum);
fp=fopen("card.txt","r");
if(fp==NULL)
{
    printf("can't open file.\n");
    exit(0);

}
    while(!feof(fp))
    {
    fscanf(fp,"%d",num);
    if(num=knum)
    {
        printf("刷卡成功, 您可以继续购菜! ");
        flag=1;
        break;
    }
}
    if(flag==0)
    {
        printf("卡号不存在, 刷卡失败! ");
    }
    return 0;
}
```

3. 程序填空（根据程序功能，将空白处补充完整）

全智能自动售票机基本功能实现。假设售菜机内目前只提供当季的有机绿叶菜，主要包含：
1—菠菜；2—上海青；3—大白菜；4—鸡毛菜；5—空心菜，如图 1-3-6 所示。

程序功能：通过菜单选择问答形式，编写代码模拟完整的购菜过程并实现。

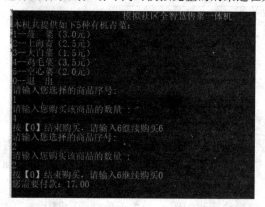

图 1-3-6 基本功能

源程序：

```c
#include <stdio.h>
int main()
{
    int order;              //商品选项
    int Qty;                //商品数量
    float price;
    float total=0;          //商品总价，还未购买时总价为 0
    int choice=1;           //是否继续购买，初始时默认继续购买
    printf("\t\t\t模拟社区全智慧售菜一体机\n");
    printf("本机共提供如下 5 种有机青菜: \n");
    printf("1--菠  菜（3.0元）\n");
    printf("2--上海青（2.5元）\n");
    printf("3--大白菜（1.5元）\n");
    printf("4--鸡毛菜（3.5元）\n");
    printf("5--空心菜（2.0元）\n");
    printf("0--退  出 \n");
    /*利用循环结构实现多次购买并计算*/
    while(_____)     //choice 不等于 0 时认为是选择继续购买
    {
        printf("请输入您选择的商品序号:\n");
        _____
        printf("请输入您购买该商品的数量 :\n");
        _____
        /*多分支结构确定青菜的单价*/
        switch(order)
        {
            case 1:price=3.0;break;
            case 2:price=2.5;break;
            case 3:price=1.5;break;
            case 4:price=3.5;break;
            case 5:price=2.0;break;
            default:printf("输入数字序号有误\n");price=0;
        }
        total=_____     //将每次购买的价格计入总价
        printf("按【0】结束购买，请输入 6 继续购买");
        scanf("%d",&choice);
    }
    printf("您需要付款: %.2f\n",total);
    return 0;
}
```

4. 编程题

编程使功能更加完善。近期，基于社区居民的要求，全智能自动售菜机要实现功能升级。提供当季的绿叶菜的同时，还提供基本肉类。请在基本功能基础上，增加不同大类品种的选择，并将刷卡验证功能整合到一起完整实现。

功能完善后的机器完整操作流程如图 1-3-7 所示，函数调用流程如图 1-3-8 所示。

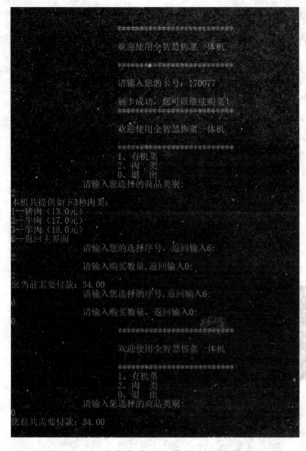

图 1-3-7 功能完善后的机器完整操作流程　图 1-3-8 功能完善后的函数调用流程

本机升级后购买过程大致为：首先显示欢迎界面，然后输入卡号验证，提示刷卡成功或卡号不存在登录失败。

刷卡成功后进入商品购买主界面，选择有机菜类或肉类。然后选择不同的商品进行购买。可以实现循环购买，同时计算总价输出显示。

升级后功能模块的实现过程分解如下：

（1）欢迎界面如图 1-3-9 所示，请在 welcome() 函数中编程实现。

图 1-3-9 欢迎界面

```
//以下是第一次的欢迎界面**************
void welcome()//欢迎界面
{
```

```
        //参照图1-3-9完成输出代码



}
```

（2）实现卡号验证过程，并在 cardver()函数中编程实现。

```
void cardver()//刷卡验证模块
{

    //编程实现从文件 card.txt 中读取卡号验证登录，并提示刷卡成功或卡号不存在




}
```

（3）商品购买主菜单如图 1-3-10 所示，在 welcome2()函数中编程实现。

图 1-3-10　主菜单

```
void welcome2()//主菜单
{
    printf("\t\t\t****************************\n\n");
    printf("\t\t\t 欢迎使用全智慧售菜一体机   \n\n");
    printf("\t\t\t****************************\n");
    printf("\t\t\t1、有机菜\n");
    printf("\t\t\t2、肉 类\n");
    printf("\t\t\t0、退 出\n");
}
```

（4）以下是有机菜和肉类购买初始界面，通过 menu 菜单的参数 n 实现调用不同内容的输出。

```
void menu(int n)//菜品选择界面，n 代表要购买的商品大类。
{ switch(n)
    {  case 1:{printf("本机共提供如下 5 种有机青菜: \n");
            printf("1--菠  菜（3.0元）\n");
            printf("2--上海青（2.5元）\n");
            printf("3--大白菜（1.5元）\n");
            printf("4--鸡毛菜（3.5元）\n");
            printf("5--空心菜（2.0元）\n");
            printf("6--返回主界面 \n");}break;
        case 2:{printf("本机共提供如下 3 种肉类: \n");
            printf("1--猪肉（13.0元）\n");
            printf("2--牛肉（17.0元）\n");
            printf("3--羊肉（18.0元）\n");
            printf("6--返回主界面 \n");}
```

```
            break;

        }
}
```

（5）在主函数中调用欢迎函数和卡号验证函数实现商品购买的完整过程。

```
/*********************以下为主函数***************************************
int main()
{
    int order;              //商品选项
    int Qty;                //商品数量
    float price;            //商品单价
    float total=0;          //商品总价，还未购买时总价为 0
    int choice=1;           //主菜单选项，商品大类选项，是否继续购买
    cardver();              //刷卡验证模块
    welcome2();             //菜单主界面显示

    while(1)
    {   //***********以下是买菜的循环购买过程****
        printf("\t\t 请输入您选择的商品类别:\n");
        scanf("%d",&choice);
        if(choice==0) break;        //选择退出系统
        if(choice==1)               //选择购买有机菜类
        {

            //编程实现有机菜循环购买过程及金额




        }
        //*********************以下是买肉品过程***************************
        if(choice==2)//选择购买肉类，进入肉类菜单
        {   //编程实现循环肉类购买的过程及金额




        }
    }
    printf("您总共需要付款: %.2f\n",total);
    return 0;
}
```

5．程序优化

与实际生活结合，将本机继续更新并完善如下功能：

（1）参照并拓展实现智慧社区垃圾分类系统的编程实现。

（2）将不同类别的商品购买过程单独列为独立函数模块实现。

（3）实现更加方便地拓展更多商品类别模块。

四、调试备忘录

常见错误汇总表如表 1-3-1 所示。

表 1-3-1　常见错误汇总表

常见错误实例	错 误 描 述	相 关 知 识

//循环输出 1~100 的值
i=0;
while(i<=100);
printf("%d",i++);
	空循环体。while(i<=100)后的分号应该去掉	运行结果错

//a 的值等于 10 进入循环
int a=3;
while(a=10) printf("%d",a);
	赋值运算符=与逻辑运算符==的混淆使用。循环条件中逻辑运算符的错误使用	运行结果错

//判断 a 的值是否在 0~100 范围
a=-5;
while(0<=a<=100) printf("此成绩为正常数值");
	变量与常量（变量、表达式）的比较，循环条件中应该使用逻辑与运算符&&表示数值的范围	运行结果错

for(i=1;i<=100;i++); 　　s+=i;	空循环体。for 括号后的分号应该去掉	运行结果错
i=0; do {　i++; }while(i<00)	while 后面的括号和分号不能省略。应修改为 while (i<100);	编译语法错

实验 4 \ 数据清洗器构建

一、知识导图

本实验知识导图如图 1-4-1 所示。

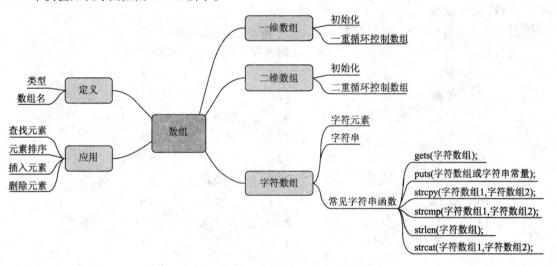

图 1-4-1　知识导图

二、实验目的

- 理解数据清洗的概念。
- 理解数组的概念；掌握 C 语言中数组定义的方法。
- 掌握使用循环遍历数组元素的方法。
- 理解一维数组、二维数组及字符数组的联系与区别。
- 理解并掌握字符数组函数的使用方法。
- 通过编程和调试程序，加深对数组应用的理解，学习编程和调试的基本方法。
- 学习数组的综合应用。

三、实验内容

1．问题背景

数据清洗是指发现并纠正数据文件中可识别的错误，包括检查数据一致性，处理无效值和缺失值等。本实验还加入了数据排序及筛选，录入后的数据清理一般是由计算机完成。

现有某学校拟组建新的篮球队（见图 1-4-2），计划将原来的球员信息进行整理，找出其中的错误信息并更正，如异常年龄（66 岁），手工输入增加新球员信息，梳理出相同号码的球员信息并修改，根据球员号码对球员进行排序，筛选出最高得分、最高篮板和最高助攻球员信息，最后将整理好的球员信息写入文件。

根据下面具体的要求，填写代码或调试，使其完成相应的基本功能。

图 1-4-2　背景示意图

2．程序改错（以下程序有错误，请根据程序功能，找出错误并改正）

程序功能：实现篮球队球员信息获取，从 test.txt 文件中读入球员信息并赋给相应数组。下面程序有错，请调试改正。

原有的队员信息如下，已保存在 test.txt 里，将文件信息读取后输出。

球员号码	姓名	祖籍	年龄	场均得分	场均助攻	场均篮板
22	李芳	上海	19	14.2	2.2	2.5
33	张宏	南京	28	32.0	3.4	3.3
34	司光	天津	24	4.1	4.2	1.2
24	李白	广州	5	34.4	5.5	4.5
36	张三	喀什	25	12.0	1.3	5.5
47	李四	成都	66	22.0	6.6	2.5
18	王三	上海	26	24.4	8.5	3.6
19	赵太	杭州	27	5.6	3.5	10.1
22	黄天	苏州	28	41.6	3.5	2.1

源程序：

```c
#include <stdlib.h>
#include <string.h>
#define N 15              //总人数
int num;                  //球员号码
char name[N][10];         //姓名
char habital[N][10];      //祖籍
char age[N];              //年龄
float ave_score[N];       //场均得分
float ave_re[N];          //场均助攻
float ave_as[N];          //场均篮板

int read()                //读文件 test.txt 中的数据
{
    FILE *fp;
    int n=0;
    if((fp=fopen("test.txt","r"))==NULL)//判断有没有文件
    {
        printf("cannot open file");
            system("pause");
```

```
        exit(0);
    }

  while(!feof(fp))//打开文件并读取
  {
      fscanf(fp,"%d",num[n]);
      fgets(name[n], 10, fp);
      fgets(habital[n],10, fp);
      fscanf(fp,"%d%f%f%f",&age[n],&ave_score[n],&ave_re[n],&ave_as[n]);
      n++;
  }
   fclose(fp);
   return n;
}
int main()//主程序
{
    int n;
    n=read();
    system("pause");
    return 0;
}
```

3. 程序填空（根据程序功能，将空白处补充完整）

（1）程序功能：

添加输出模块。以下代码实现将数组里的数据输出到屏幕上。程序运行结果如图1-4-3所示。

图1-4-3　文件信息读取后输出截图

```
void print_list(int n)//输出
{
    int i;
    printf("球衣号码   姓名     祖籍     年龄    场均得分     场均篮板     场均助攻\n");
    _____
    printf("%8d%8s%8s%5d%12.1f%12.1f%12.1f\n",_____);
}
int main()//主程序
{
    int n;
    n=read();
    print_list(n);
    system("pause");
    return 0;
}
```

（2）程序功能：增加球员号码判断模块，将号码相同的数据记录输出，并选择其中一条修改，然后将修改后的数据输出。程序运行结果如图 1-4-4 所示。

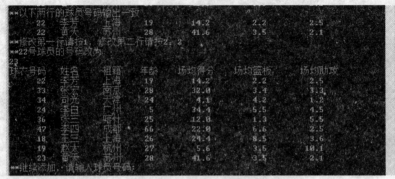

图 1-4-4　修改号码运行截图

源程序：
```c
void ceshi(int n)//球员号码判断
{
    int i,j,k,l,a,b;
    for(i=0;i<n;i++)
    {
        _____
        {
            _____
            {
                printf("**以下两行的球员号码输出一致\n");
                printf("%8d%8s%8s%5d%12.1f%12.1f%12.1f\n",num[i],name[i],
habital[i],age[i],ave_score[i],ave_re[i],ave_as[i]);

                _____
                k=i;
                _____
            }
        }
    }
printf("**修改第一行请按1,修改第二行请按2: ");
scanf("%d",&b);
if(b==1)
{   printf("**%d号球员的号码改为\n",_____);//修改
    scanf("%d",&a);
    num[k]=a;}
if(b==2)
{   printf("**%d号球员的号码改为\n",num[l]);//修改
    scanf("%d",&a);
    num[l]=a;}
}
int main()//主程序
{
    int n;
    n=read();
```

```
    print_list(n);
    ceshi(n);
    _____
    system("pause");
    return 0;
}
```

4. 编程题

（1）增加程序模块判断年龄信息有误的信息并重新输入年龄。运行结果如图 1-4-5 所示。

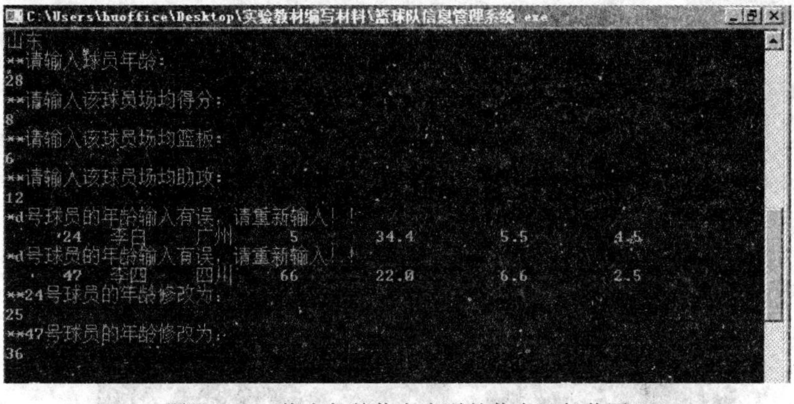

图 1-4-5　找出年龄信息有误的信息运行截图

```
void age_c(int n)//年龄在17~45岁之间为球员正常年龄
{
    //在此处补充语句  找出非正常年龄的球员数据并修改

}
int main()//主程序
{
    int n;
    n=read();
    print_list(n);
    ceshi(n);
    print_list(n);
    age_c(n);
    system("pause");
    return 0;
}
```

（2）增加排序功能，根据球衣号码对球员进行排序并输出。运行结果如图 1-4-6 所示。

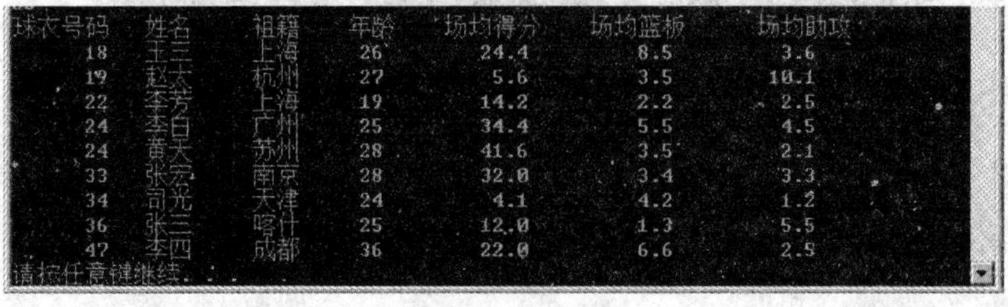

图 1-4-6　按球衣号码排序运行截图

```
void sort_num(int n)// 根据球衣号码对球员进行排序并输出
{
    //在此处补充语句  根据球衣号码对球员进行排序并输出
}
int main()//主程序
{
    int n;
    n=read();
    print_list(n);
    ceshi(n);
    print_list(n);
    age_c(n);
    sort_num(n);
    print_list(n);
    system("pause");
    return 0;
}
```

（3）附加1：增加手动输入功能，手工输入添加3条记录。运行结果如图1-4-7所示。

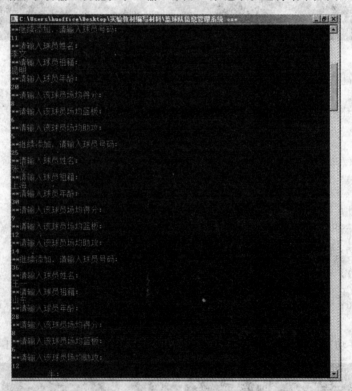

图1-4-7 手动输入信息运行截图

```
void add(int n)//手工输入3条信息
{
    //在此处补充语句，手工输入3条球员信息



}
```

（4）附加 2：增加统计功能，统计场均篮板最高得分。运行结果如图 1-4-8 所示。

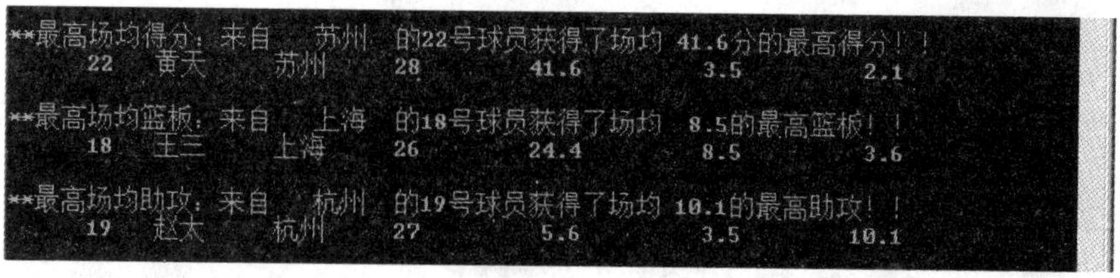

图 1-4-8 统计场均篮板最高得分运行截图

```
void top_re(int n)//筛选最高篮板
{
    //在此处补充语句，找到最高篮板分数记录并输出


}
```

（5）附加 3：增加保存功能，将修改后的记录写入 gpa.txt 文件中。

```
int write(int n)//数据写入 gpa.txt
{
    //在此处补充语句，将最终数据写入 gpa.txt



}
```

5．优化程序

（1）在排好序的数据中按顺序插入几条记录。

（2）按场均得分排序，如有相同得分，按球号排序。

四、调试备忘录

常见错误汇总表如表 1-4-1 所示。

表 1-4-1 常见错误汇总表

常见错误实例	错 误 描 述	相 关 知 识
int a(10);int b[5,4];	定义或引用数组的方式不对	数组定义格式为：数据类型数组名[整型常量]，例如：int a[10];int b[3][4]
int j=5;int a[j];	定义或引用数组的方式不对	[]里应放整型常量
int a[6];b=a[5];	在引用数组元素之前未对其赋初值	使用数组元素前应该先赋值
int a[10];a++	对数组名做自加运算	数组名为常量
Int a[3]={1,2,3},b=a[3]	误把数组说明时所定义的元素个数作为最大下标值使用	C 语言中数组下标从 0 开始，最大值为"长度-1"

实验 5 \ 智能程序构建

一、知识导图

本实验知识导图如图 1-5-1 所示。

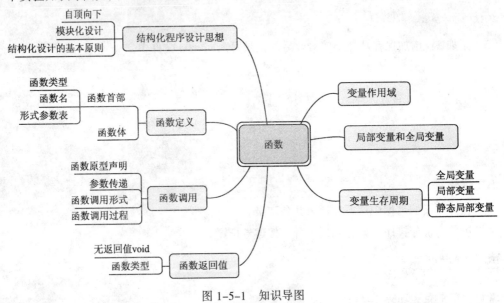

图 1-5-1 知识导图

二、实验目的

- 理解函数的概念，掌握 C 语言定义函数的基本方法。
- 掌握函数实参与形参的概念，正确理解在函数调用过程中实参与形参的对应关系。
- 掌握全局变量和局部变量，正确理解动态变量和静态变量的概念及使用方法。
- 理解并掌握数组作为函数参数、字符串作为函数参数的使用方法。
- 通过编程和调试程序，加深对函数概念和函数应用的理解，学习编程和调试的基本方法。
- 学习函数的综合应用。

三、实验内容

1. 问题背景

"校园一卡通"是数字化校园中的重要组成部分，它可以综合消费、身份识别、金融服务、公共信息服务等多项功能（见图 1-5-2），实现"一卡在手，走遍校园"，此种管理模式代替了传统的消费管理模式，使学校管理更加高效、方便与安全。

图 1-5-2　一卡通应用图

2. 程序改错（以下程序有错误，请根据程序功能，找出错误并改正）

用户在使用一卡通时，需要先登录系统，进行用户名注册和密码设置，验证通过后才能进行消费。用户注册界面如图 1-5-3 所示。

图 1-5-3　用户注册界面

程序功能：以下函数 login() 的功能是完成用户名注册和密码的设置。
源程序：

```c
#include <stdio.h>
#include <windows.h>
```

```
#include <string.h>
void myRegister(char userName[],int passWord)
{
    system("cls");
    printf("***************************\n\n");
    printf("        用户注册        \n\n");
    printf("***************************\n");
    printf("\n首先请完成用户注册:\n");
    printf("请输入用户名:");
    gets(username[30]);
    printf("请输入你的密码:");
    scanf("%d", passWord);
    Sleep(1000);
    printf("注册成功，您可以登录本系统! ");
    Sleep(2000);
}
int main()
{
    char userName[30];
    char passWord[10];
    myRegister(username[30],password[10]);
    return 0;
}
```

3. 程序填空（根据程序功能，将空白处补充完整）

程序功能：显示初始界面，登录系统进行用户名和密码的验证，验证通过后可以进行消费或其他相关功能；若验证不通过，则给出相应的提示信息。界面如图 1-5-4~图 1-5-6 所示。

图 1-5-4　初始界面

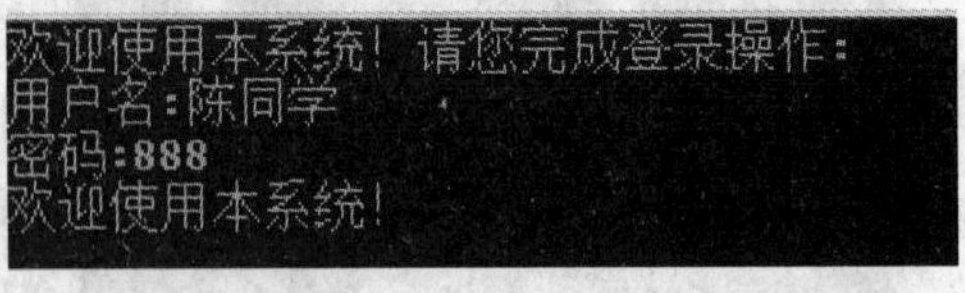

图 1-5-5　登录成功界面

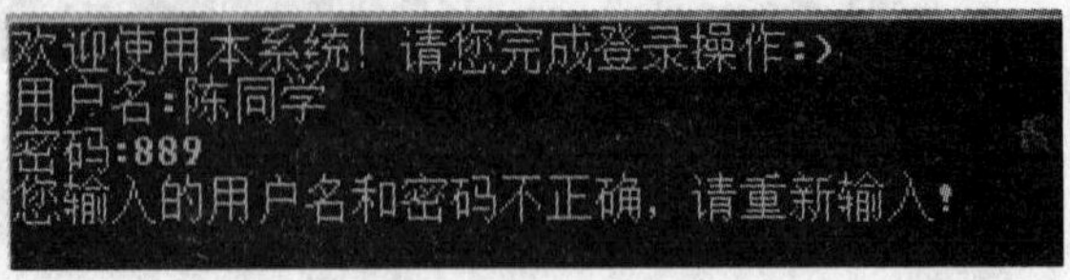

图 1-5-6　登录不成功界面

源程序：

```c
#include <stdio.h>
#include <string.h>
#include <windows.h>
void welcome()
{
    printf("\n\n");
    printf("**************************\n\n");
    printf("        欢迎使用本系统        \n\n");
    printf("**************************\n");
    Sleep(2000);
}


void login(char userName[30],char passWord[10])
{
    _____;
    system("cls");
    while(1){
        printf("欢迎使用本系统！请您完成登录操作:)\n");
        printf("用户名:");
        scanf("%s",userName1);
        printf("密码:");
        scanf("%s",passWord1);
        if( _____ )
        {
            printf("欢迎使用本系统！\n");
            _____;
        }else{
            printf("您输入的用户名和密码不正确，请重新输入!\n");
            Sleep(2000);
            system("cls");
        }
    }
    Sleep(3000);
}
int main(){
    char userName[30]="陈同学";
    char passWord[10]="888";
    welcome();
    login(_____);
    return 0;
}
```

4. 编程题

根据以下功能，编写代码，完善一卡通刷卡系统。

（1）显示功能：假设每个用户一卡通的信息包括卡号、姓名、金额和挂失信息，所有用户信息保存在文件 student.txt 中，读取文件中的全部信息，并显示在屏幕中。参考界面如图 1-5-7 所示。

图 1-5-7　显示功能参考界面

编写函数，实现上述功能。

（2）增加新卡号功能：

如果有新的信息需要增加到文件中，请编写函数实现增加功能，并在屏幕中显示，参考显示界面如图 1-5-8 和图 1-5-9 所示。

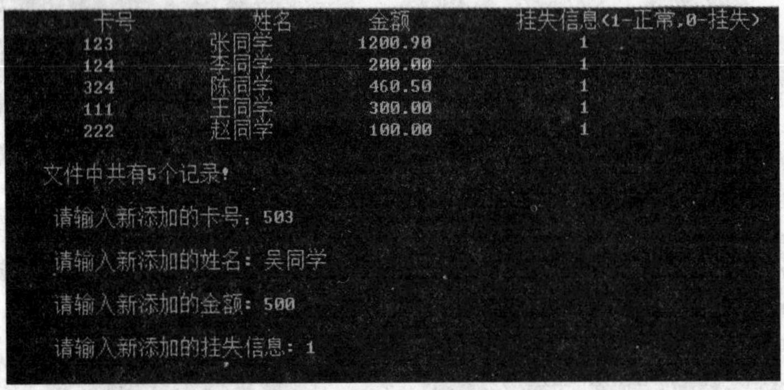

图 1-5-8　增加卡号前显示界面

图 1-5-9　增加卡号后显示界面

注意：如果卡号重复，请给出相应的提示信息，参考显示界面如图 1-5-10 所示。

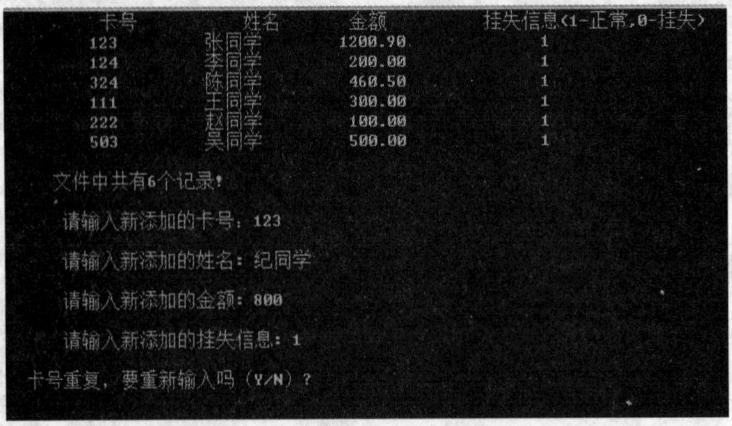

图 1-5-10　卡号重复的显示界面

（3）充值功能：选择卡号进行充值，并将充值后的结果保存在原文件中，参考显示界面如图 1-5-11 和图 1-5-12 所示。

图 1-5-11 充值功能显示界面

如果卡号输入错误，请给出相应的提示信息，参考显示界面如图 1-5-12 所示。编写函数，实现上述功能。

图 1-5-12 充值卡号错误的提示信息界面

（4）消费功能：请输入要消费的卡号和消费金额，屏幕显示相应的信息，并保存在原文件中。参考显示界面如图 1-5-13 所示。编写函数，实现上述功能。

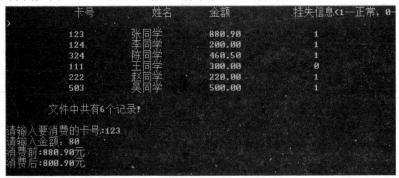

图 1-5-13 消费功能显示界面

5．程序优化

结合实际场景，思考本系统还可以在哪些功能上进一步完善优化。

（1）密码问题：如何限定输入次数。

（2）显示格式还可以在哪些方面进一步改进。

（3）充值金额如何进行限制，一次最少/最多充值多少金额。

（4）如果连续消费，金额不足应如何处理。

四、调试备忘录

常见错误汇总表如表 1-5-1 所示。

表 1-5-1　常见错误汇总表

常见错误实例	错误描述	相关知识

//交换 2 个变量值
void swap(int x,int y)
{ int t;
　 t=a;a=b;b=t;
}
	函数调用时参数传递出错	本函数传递的是数值，函数调用时传递数值只是实际参数值的一个副本，但并不能改变实际参数的值

//求 2 个数之和
sum(float x,floaty)
{ return x+y;
}
	函数定义中未声明函数类型	未声明类型的函数，系统一般会默认为整型，所以有可能会出现结果和类型不匹配的情况

//交换 2 个形参值
void swap(int x, int y)
{ int z;
　 z=x; x=y; y=z; }
int main( )
{ int a= 10,b=20;
　 swap(a,b);
　 printf("%d, %d",x,y);
　 return 0;
}
	变量的作用域	当函数被调用时才给形参分配内存单元。调用结束，所占内存被释放

//求 2 个数中的较大值
int max(int x,int y)
{ int z;
　 z=x>y?x:y;
　 return (z); }
int main( )
{ int a,b,c;
　 c=max(a,b);
　 printf("%d\n",c);
　 return 0;
}
	实参要用确定的值	实参可以是常量、变量或表达式，但要求它们有确定的值

第二部分
练 习

练 习 1

一、读程序，画流程图（建议使用 raptor 软件）

1. 源程序：

```c
#include <stdio.h>
int main()
{
  int a,b,c,max;
  scanf("%d",&a);
  scanf("%d",&b);
  scanf("%d",&c);
  if(a>b)
    max=a;
  else max=b;
  if(max<c)
    max=c;
  printf("the max is %d\n",max);
   return 0;
}
```

2. 源程序：

```c
#include <stdio.h>
int main()
{
  int num,right=25,count=0;
  while(1)
  {
     printf("请输入猜的数字： ");
     scanf("%d",&num);
     count++;
     if(num==right)
     {
         printf("恭喜猜对了！共用了%d次机会。\n",count);
         break;
     }
     else if(num<right)
            printf("太小了！\n");
         else
            printf("太大了！\n");
  }
   return 0;
}
```

二、程序改错（以下程序有错误，请根据程序功能，找出错误并改正）

程序功能：输入两个整数，输出两个整数相加的运算式，运行结果如图 2-1-1 所示。

图 2-1-1　程序调试后正确的运行结果

源程序：

```c
#include <stdio.h>
int main()
{
    int a,b;
    printf("a=?,b=?");
    scanf("%d,%d",a,b);
    printf("a+b=%f\n",a+b);
    return 0;
}
```

三、程序填空（根据程序功能，将空白处补充完整）

1. 程序功能：输出相应语句。

源程序：

```c
#include < _____ >
_____ main()
{
    printf("Hello EveryOne!\n");
    printf("We are students!");
    return 0;
}
```

2. 程序功能：计算矩形的面积，并保留小数点后面 2 位输出。

源程序：

```c
#include <stdio.h>
int main()
{
    float a,b,s;
    printf("请输入矩形的长: ");
    _____
    printf("请输入矩形的宽: ");
    scanf("%f",&b);
    s= _____ ;
    printf("\n 矩形的面积为: _____ \n",s);
    return 0;
}
```

四、编程题

打印图 2-1-2 所示图形。

图 2-1-2　显示图形

练 习 2

一、读程序，写结果

1. 源程序：

```c
#include <stdio.h>
int main()
{
    char ch;
    ch=getchar();
    if(ch>'a'&&ch<'z')
    {
        printf("%c-%c-%c\n",ch-1,ch,ch+1);
        printf("%d-%d-%d\n",ch-1,ch,ch+1);
    }
    else printf("out of\n");
        return 0;
}
```

输入：a

输出：

输入：h

输出：

2. 源程序：

```c
#include <stdio.h>
int main()
{
    int a;
    scanf("%d",&a);
    a=a+2;
    printf("%d,0x%x,0%o",a,a,a);
    return 0;
}
```

输入：12

输出：

二、程序改错（以下程序有错误，请根据程序功能，找出错误并改正）

1. 程序功能：从商品信息文件 data.txt（见图 2-2-1）中读取单价和折扣率，输入购买的商品件数，计算并显示总金额，结果保留小数点后两位（见图 2-2-2）。

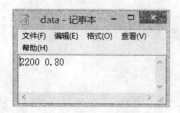

图 2-2-1　工资文件

请输入件数：　　3
总价为：　　5280.00

图 2-2-2　运行结果

源程序：

```c
#include "stdio.h"
int main()
{
    FILE *fp;
    float price,discount,total;
    fp=fopen("data.txt","r");
    scanf(fp,"%f%f",&price,&discount);
    printf("请输入件数: \t");
    scanf("%f",num);
    num*price*discount=total;
    printf("总价为: %10.2f\n",total);
    fclose(fp);
    return 0;
}
```

2. 程序功能：某同学给出下面的程序，把 65535 赋值给 unsigned short 类型变量，然后该变量加 1，输出结果 0，请修改程序，使其输出正确结果（见图 2-2-3）。

65535 + 1 = 65536

图 2-2-3　正确的运行结果

源程序：

```c
include "stdio.h"
int main()
{
    unsigned short a=65535;
    a=a+1;
    printf("65535 + 1 = %d\n",a);
}
```

三、程序填空（根据程序功能，将空白处补充完整）

程序功能：计算存款利息，表 2-2-1 给出了 20××年××银行在××市的实际挂牌存款年利率。

表 2-2-1　20××年××银行在××市的实际挂牌存款年利率表

期　　限	活　　期	3 个月	6 个月	1 年
利　　率	0.3%	1.43%	1.69%	1.95%

某用户想把闲置资金 10 000 元存入银行，存期 1 年，根据表 2-2-1 给出的利率，该用户有以下 4 种存款方式：

（1）活期，年利率为 0.3%。

（2）存四次 3 个月定期，年利率为 1.43%。

（3）存两次半年定期，年利率为 1.69%。

（4）一年期定期，年利率为 1.95%。

用户根据菜单选择其中一个存款方式，计算出该种存款方式到期后本息和。

运行结果如图 2-2-4 所示。

图 2-2-4 正确的运行结果

源程序：

```c
#include <stdio.h>
int main()
{
    float r1=0.3/100;
    float r2=1.43/100;
    float r3=1.69/100;
    float r4=1.95/100;

    _____
    float interest1,interest2,interest3,interest4;
    _____
    _____
    _____
    _____
    printf("请选择存款方式: ");
    scanf("%d",&choice);
    if(choice==1)
    {   interest1=money*(1+r1);
        printf("\t 第一种存法所得本息和是: %.2f\n",interest1);
    }
    else if(choice==2)
    {   _____
        _____
    }
    else if(choice==3)
    {   interest3 = money * (1 + r3/2)* (1 + r3/2);
        printf("\t 第三种存法所得本息和是: %.2f\n",interest3);
    }
    else  {interest4 = money * (1 + r4);
        printf("\t 第四种存法所得本息和是: %.2f\n",interest4);
    }
    return 0;
}
```

四、编程题

1. 编写一个程序：输入任意一个小写字母字符，输出其对应的大写字母。

2. 编写程序，按照规定表格格式输出鸢尾花的特征数据，每行代表一个样本，包含了一朵鸢尾花的特征。

（1）输入格式：本题目没有输入。

（2）输出格式：要求严格按照给出的格式输出下列表格。

```
------------------------------------------------
类别            花瓣长度/厘米        花瓣宽度/厘米
------------------------------------------------
山鸢尾          1.1                 0.1
山鸢尾          1.7                 0.5
山鸢尾          1.4                 0.3
变色鸢尾        5.0                 1.7
变色鸢尾        4.0                 1.0
变色鸢尾        4.5                 1.5
------------------------------------------------
```

练 习 3

一、读程序，写结果

文件格式与内容如图 2-3-1 所示。

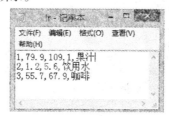

图 2-3-1 文件格式与内容

源程序：

```c
#include <stdio.h>
int main()
{
    int s_number,find=0,num,exist=0;
    float cost,retail;
    char name_commodity[50];

    FILE *fp;
    if((fp=fopen("lr.txt","r"))==NULL)
    {
        printf("file cannot open \n");
        return -1;
    }
    printf("请输入查找编号: ");
    scanf("%d",&num);
    while(fscanf(fp, "%d,%f,%f,%s", &s_number,&cost,&retail,name_commodity)!=-1)
    {
        if(num==s_number)
        {
            exist=1;break;
        }
    }
    if(exist==1)
    {
        printf("\n\t\t|name_commodity| cost | retail |");
        printf("\n\t\t|%14s|%6.2f|%8.2f|\n", name_commodity,cost,retail);
```

```
    }
    else printf("This commodity is not Exist! \n");
    fclose(fp);
    return 0;
}
```

输入：2

输出：

输入：5

输出：

二、程序改错（以下程序有错误，请根据程序功能，找出错误并改正）

1. 程序功能：输入一个字母字符，输出其对应的 ASCII 值。

源程序：

```
#include <stdio.h>
int main()
{
    char a;
    printf("请输入一个字母");
    scanf("%c",a);
    printf("字符%c的 ASCII 码为%d\n",a,'a');
    return 0;
}
```

2. 程序功能：输入身高，计算标准体重，国际上男人标准体重计算公式为：

$$标准体重 = (身高(cm) - 100) * 0.9(kg)$$

运行结果如图 2-3-2 所示。

图 2-3-2　运行结果示意图

源程序：

```
#include <stdio.h>
int main()
{
    int a;
    printf("男人标准体重计算器:\n");
    printf("请输入身高 cm:\n");
    scanf("%d",a);
    printf("标准体重:");
    t=h*9/10-90;
    printf("%.2dkg\n",t);
    return 0;
}
```

三、程序填空（根据程序功能，将空白处补充完整）

程序功能：输入一个整数，范围在 10 与 1000 之间（大于 10 且小于 1000），判断它是几位数，并判断它的逆序数是否和原数相等。

源程序：

```c
#include <stdio.h>
int main()
{
    int number,w1,w2,w3;
    printf("请输入一个在10与1000之间的整数:\n");
    _____
    w1=number%10;
    w2=number/10%10;
    w3=_____;
    if(_____)
    {
        printf("你输入的是3位数.\n");
        printf("这三位数是: %d %d %d.\n",w3,w2,w1);
        if(number==w3*1+w2*10+w1*100)
            printf("逆序后与原数相同。");
        else
            printf("逆序后与原数不同。");
    }
    else if(number>10&&number<100)
    {
        printf("你输入的是2位数.\n");
        printf("这二位数是: %d %d.\n",w2,w1);
        if(_____)
            printf("逆序后与原数相同。");
        else
            printf("逆序后与原数不同。");
    }
    else
        printf("error!");
}
```

四、编程题

1. 编写程序自动批改单选题（假设个人答案已写入到 daan.txt 中，编程实现批改单选题的过程。标准答案先做假设。）

2. 输入一个3位整数，输出其个位数字、十位数字和百位数字。

输入：234

输出：个位数字4，十位数字3，百位数字2

3. 编程实现一个图形体积计算软件。可根据如下菜单：

        A   圆柱体积

        B   球体体积

        C   圆锥体积

选择不同选项，可计算出不同立体图形的体积。

练 习 4

一、读程序，写结果

1. 源程序：

```c
#include <stdio.h>
int main()
{
    int a=2,b=-1,c=2;
    if(a<b)
        if(b<0) c=0;
        else c++;
    printf("%d\n",c);
    return 0;
}
```

2. 写出输入 3 时下列程序的运行结果。

源程序：

```c
#include <stdio.h>
main()
{
    int n;
    scanf("%d",&n);
    switch(n)
    {
        case 1 : printf("%d,",n++);
        case 2 : printf("%d",n++);
        case 3 : printf("%d,",n++);
        case 4 : printf("%d,",n++); break;
        default : printf("Input Error");
    }
}
```

二、程序改错（以下程序有错误，请根据程序功能，找出错误并改正）

1. 程序功能：判断输入的一个三位整数是否为"水仙花数"，如果是水仙花数，输出"YES"，否则输出"NO"。所谓"水仙花数"，是指一个三位数，其各位数字的 3 次方之和等于该数本身。

源程序：

```c
#include <stdio.h>
void main()
{   int g,s,b,m;
```

```
    printf("请输入一个 3 位数: ");
    scanf("%d",m);
    if(100<=m<=999)
    {
        g=m/10;
        s=m/10%10;
        b=m/100;
        if(g*g*g+s*s*s+b*b*b=m)
            printf("YES\n");
        else
            printf("NO\n");
    }
    else
        printf("输入错误\n");
}
```

2. 程序功能：输入一个字母后，如果该字母是小写字母，则转换成大写字母，输出该字母的前序字母、该字母、该字母的后序字母。例如：输入 g，则输出 FGH；输入 a，则输出 ZAB；输入 m，则输出 LMN；输入 z，则输出 YZA。

源程序：

```
#include <stdio.h>
main()
{   char ch,c1,c2;
    printf("Enter a character:");
    ch=getchar();
    if((ch>='a')||(ch<='z'))        /*如果是小写字母，则转换成大写字母*/
      ch-=32;
      c1=ch-1;
      c2=ch+1;
    if(ch='a') c1=ch+25;
    else if(ch='z') c2=ch-25;
    putchar(c1);
    putchar(ch);
    putchar(c2);
    putchar('\n');
}
```

三、程序填空（根据程序功能，将空白处补充完整）

1. 小明每个月手机上网的流量都不同，每个月购买套餐时都纠结不知该买哪一个好，以下程序可以帮助小明进行选择。

程序功能：从键盘输入每月 GPRS 流量，输出建议定制的套餐类型。设移动手机上网可选 GPRS 套餐如下：

A 类：5 元（ 0 MB≤x≤30 MB）；

B 类：20 元（ 30 MB<x≤150 MB）；

C 类：50 元（ 150 MB < x≤500 MB）；

D 类：100 元（ 500 MB < x≤2 GB）；

E 类：200 元（ x > 2 GB）。

源程序：
```
#include <stdio.h>
int main()
{
    int liuliang;
    char taocan;
    printf("请输入您的流量（MB）：");
    scanf("%d",&liuliang);
    if(_____)  taocan='A';
    else if(_____) taocan='B';
    else if(_____) taocan='C';
    else if(_____) taocan='D';
    else _____;
     printf("建议您定制%c套餐！",taocan);
}
```

2. 程序功能：输入月份数，输出该月的天数（2月按29天计）。

源程序：
```
#include <stdio.h>
main()
{
    int m,n=0;
    {
        printf("请输入月份:");
        scanf("%d",&m);
        switch(_____)
        {
            case 4:
            case 6:
            case 9:
            case 11:n=30;
                _____ ;
            case 2:  _____  ;
            break;
            default:n=31;
            break;
        }
        printf("%d月天数为%d,",m,n);
    }
}
```

四、编程题

1. 为鼓励居民节约能源，A市对居民用燃气按量阶梯式计价。一个结算周期内，当累计气量达到分档基数临界点后，即开始实行阶梯加价。具体参见表2-4-1。

表2-4-1　燃气阶梯价格表

分　　档	户年用气量/立方米	价格（元/立方米）
第一档	0~310（含）	3.00
第二档	310~520（含）	3.30
第三档	520以上	4.20

户籍人口 5 人（含）以上的居民家庭按年度增加 150 立方米的气量基数，即第一档户年天然气用量调整为 0~460 立方米（含），第二档调整为 460~670 立方米（含），第三档调整为 670 立方米以上。

编程对燃气费进行计算，要求保留两位小数。

2. 输入周一至周日中的任意一天，屏幕显示输出不同的问候语，问候语内容自拟，可参考表 2-4-2。编程实现该功能。

表 2-4-2　问候语

时　　间　　段	问　　候　　语
周一	新的一周开始了，加油！
周二	继续努力！
周三	做最好的自己！
周四	我很棒！
周五	好好犒劳一下自己！
周六	每一天都是好心情！
周日	感恩一切！

练 习 5

一、读程序，写结果

1. 源程序：

```c
#include <stdio.h>
int main()
{
    int a=1,b=3,c=5,d=4;
    int x;
    if(a<b)
    if(c<d) x=2;
    else
    if(a<c)
    if(b<d) x=2;
    else x=3;
    else x=6;
    else x=7;
    printf("%d\n",x);
    return 0;
}
```

2. 源程序：

```c
#include <stdio.h>
int main()
{
    int a=15,b=21,m=0;
    switch(a%3)
    {
        case 0:m++;break;
        case 1:m++;
            switch(b%2)
            {
                default:m++;
                case 0:m++;break;
            }
    }
    printf("%d\n",m);
    return 0;
}
```

二、**程序改错**（以下程序有错误，请根据程序功能，找出错误并改正）

1. 程序功能：从键盘输入 3 个整数，输出其中的最大值。

源程序：

```c
#include "stdio.h"
main()
{
  int a,b,c,max;
  printf("请输入 3 个整数: \n");
  scanf("%d%d%d",&a,&b,&c);
  max=a;
  if(c>b)
  if(b>a)   max=c;
  else if(c>a)   max=b;
  printf("3 个数中最大者为: %d\n",max);
}
```

2. 程序功能：求方程 $ax^2+bx+c=0$ 的根 x_1、x_2。a、b、c 由键盘输入，程序依据判别式 b^2-4ac 大于 0、等于 0 和小于 0 的各种不同情况，分别求出两个不同的实根、两个相同的实根和两个不同的虚根。

源程序：

```c
#include <stdio.h>
main()
{ float a,b,c,x1,x2,d;
  float m=0;
  scanf("%f%f%f",&a,&b,&c);
  if(fabs(a)<1e-6)
  {
     printf("输入错误\n");exit(0);
  }
  d=b*b-4*a*c;
  if(d>0) m=1;
  else (d<0) m=-1;
  switch()
  {
     case 1:x1=(-b+sqrt(d))/2/a;
            x2=(-b-sqrt(d))/2/a;
            printf("方程有两个不同的实根: x1=%8.2f   x2=%8.2f",x1,x2);
            break;
     case -1: x1=-b/2/a;x2=sqrt(-d)/2/a;
             printf("方程有两个不同的虚根: x1=%8.2f+%8.2fi,
                    x2=%8.2f-%8.2fi",x1,x2,x1,x2);
             break;
     case 2: printf("方程有两个相同的实根: x1=x2=%8.2f",-b/2/a);
  }
}
```

三、**程序填空**（根据程序功能，将空白处补充完整）

1. 某自助餐厅圣诞推出免单优惠活动。符合下列三个条件之一者可以免单：①年龄高于 80

岁；② 身高低于1.2 m；③当天生日。如果以上条件一个也不满足，则不能免单。

程序功能：根据用餐者的年龄、身高和当日是否生日，判断该用餐者是否可以免单。

源程序：

```c
#include "stdio.h"
int main()
{   int age;
    float high;
    char bir;
    printf("\n\n\t请输入您的信息\n\n");
    printf("\n\t您的年龄(y/n):");
    scanf("%d",&age);
    printf("\n\t您的身高:");
    scanf("%f",&high);
    printf("\n\t您是否今天生日（y/n）？:");
    scanf("%c",&bir);
    if(_____)
        printf("\n\t您可以享受免单！\n");
    else if(_____)
        printf("\n\t您可以享受免单！\n");
    else if(_____)
        printf("\n\t您可以享受免单！\n");
    _____
            printf("\n\t抱歉！您不可以享受免单！\n");
    return 0;
}
```

2. 程序功能：根据用户的选择，进行相应的数学计算，程序的运行结果如图2-5-1所示。

图 2-5-1 完成某些数学计算的程序运行界面

源程序：

```c
#include <stdio.h>
#include <math.h>
main()
{ int choice,x;
  printf("本程序可以完成某些数学计算: \n");
  printf("********************************\n");
  printf("*  1   求绝对值              *\n");
  printf("*  2   求平方根              *\n");
  printf("*  3   求对数                *\n");
  printf("*  4   求立方                *\n");
```

```
printf("*  0  退出                        *\n");
printf("*******************************\n");
printf("请按菜单进行选择(0-4): ");
scanf("%d",&choice);
if (_____)
{ printf("\n选项无效, 欢迎再次使用! ");
  exit(0);              //退出
}
else if(_____)
{ printf("\n请输入一个数: ");
  scanf("%d",&x);
  switch(_____)
  { case 1:printf("\n%d的绝对值为: %d\n",x,abs(x));break;
    case 2:printf("\n%d的平方根为: %f\n",x,sqrt(x)); _____;
    case 3:printf("\n%d的对数为: %f\n",x,log(x));break;
    case 4:printf("\n%d的立方值为: %f\n",x,pow(x,3));
    }
}
else {printf("欢迎下次再次使用, Byebye!\n");exit(0);}
getch();
}
```

四、编程题

1. 编程实现：输入第 9 天某支股票的一组数值（如 25.85、17.2、26.1），其分别表示第 9 天收盘价、9 天内最低价和 9 天内最高价。假定前一天 K、D、J 的值分别是 19.54、21.18、16.24，计算第 9 天 K、D、J 的值，并据此做出简单判断，若 K、D 值均在 80 以上为超买区（买方力量大于卖方力量），20 以下为超卖区（卖方力量大于买方力量），其余为徘徊区。

相关背景：

KDJ 指标又称随机指标，能够比较迅速、快捷、直观地研究、判断行情，是期货和股票市场上常用的技术分析工具。KDJ 指标的计算（以 9 日为周期的 KDJ 线为例）：

$$第 9 日 RSV=(C - L9) \div (H9 - L9) \times 100$$

公式中，C 为第 9 日的收盘价；L9 为 9 日内的最低价；H9 为 9 日内的最高价。

$$K 值=2/3 \times 第 8 日 K 值+1/3 \times 第 9 日 RSV$$

$$D 值=2/3 \times 第 8 日 D 值+1/3 \times 第 9 日 K 值$$

$$J 值=3 \times 第 9 日 K 值-2 \times 第 9 日 D 值$$

若无前一日 K 值与 D 值，则可以分别用 50 代替。

2. 编程实现：输入出生的农历年份，输出属相。（生肖称属相，是中国及东亚地区的一些民族用来代表年份的 12 种动物，统称为十二生肖，即鼠、牛、虎、兔、龙、蛇、马、羊、猴、鸡、狗、猪。每个人都以其出生年的象征动物作为生肖，所以中国民间常以生肖计算年龄，循环一次为一轮。例如，2008 农历年为鼠年，2009 农历年为牛年，依次到 2019 农历年为猪年）。

练 习 6

一、读程序，写结果

1. 源程序：

```c
#include <stdio.h>
main()
{
    char x;
    x='z';
    while(x!='a')
    {
      printf("%3d",x);
      x++;
    }
}
```

2. 源程序：

```c
#include <stdio.h>
#include <stdlib.h>
int main(){
    int m, n,row;
    printf("请输入要打印的行数: ");
    scanf("%d",&row);
    for(n=1; n<=row; n++){
        for(m=1; m<=row-n ; m++){
            printf(" ");
        }
        for(m=1; m<=n; m++){
            printf("%c ",'A'+m-1);
        }
        printf("\n");
    }
    system("pause");
    return 0;
}
```

二、程序改错（以下程序有错误，请根据程序功能，找出错误并改正）

1. 程序功能：求 1 ~ 100 之和（和值为 5050）并输出。

源程序：

```c
#include <stdio.h>
main()
{
```

```
    int i,sum=0;
    i=1;
    while(i<100)
       sum=sum+i;
       i++;
       printf("The sum from 1 to 100 is %d\n",sum);
```

2. 程序功能：实现素数的判断。

源程序：

```
#include <stdio.h>
int main()
{
    int m, k, i;
    printf("输入整数 m: ");
    scanf("%d",&m);
    k=m-1;
    for(i=2;i<=k;i++){
        if(m/i==0)
            break;
    }
    if(i>k)
        printf("%d 不是素数!\n",m);
    else
        printf("%d 是素数!\n",m);
    return 0;
}
```

三、程序填空（根据程序功能，将空白处补充完整）

1. 程序功能：计算 1020 个西瓜几天后能卖完（第一天卖了一半多两个，以后每天卖剩的一半多两个）。

源程序：

```
#include <stdio.h>
main()
{
    int day,x1,x2;
    day=0;
    x1=1020;
    while( _____ )
    {
        x2=_____;
        x1=x2;
        day++;
        _____}
        printf("day=%d\n",day);
}
```

2. 程序功能：求解计算斐波那契（Fibonacci）数列的前 43 项数（见图 2-6-1）。

斐波那契数列为：0，1，1，2，3，…

源程序：

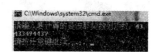

图 2-6-1 斐波那契数列运行结果

```
#include <stdio.h>
main()
{   long  f1,f2;
    int i;
    f1=1;  f2=1;
    for(i=1;i<=_____;i++)
    {   printf("%12ld  %12ld  ",f1,f2);
        if(i%2==0)  printf("\n");
        f1=_____;
        f2=_____;
    }
}
```

四、编程题

1. 编写程序，将一张面值为 100 元的人民币等值换成 100 张 5 元、1 元和 0.5 元的零钞，要求是每种零钞不少于 1 张，问有哪几种组合。运行结果如图 2-6-2 所示。

2. 编写一个程序实现如下功能。验证下列结论：任何一个自然数 n 的立方都等于 n 个连续奇数之和。例如：$1^3 = 1$；$2^3 = 3+5$；$3^3 = 7+9+11$。

要求：程序对每个输入的自然数计算并输出相应的连续奇数，直到输入的自然数为 0 时止。运行结果如图 2-6-3 所示。

图 2-6-2　换取零钞运行结果

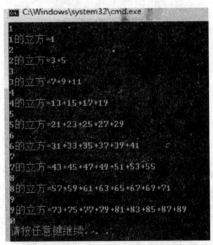

图 2-6-3　自然数是连续奇数之和运行结果

练 习 7

一、读程序，写结果

1. 源程序：

```
main()
{
    int n,day;
    n=1;
    for(day=10;day>=1;day--){
        printf("%2d day is %2d\n",day,n);
        =(n+1)*2;}
    getch();
}
```

2. 源程序：

```
#include <stdio.h>
#include <stdlib.h>
int main()
{
    int sum=0,a;
    for(a=8;a<100;a++)
    {
        if(a%10==8||a==80)
        sum=sum+a;
    }
    printf("%d",sum);    return 0;
}
```

二、程序改错（以下程序有错误，请根据程序功能，找出错误并改正）

1. 程序功能：输入任意两个正整数，输出并显示这两个数的最大公约数和最小公倍数。

```
int main()
{ int n,m,nm,r,t;
  printf("Enter m,n=?");
  scanf("%d%d",m,n);
  nm=n*m;
  if(m<n)
  {t=n; m=n; n=t;}
  r=m/n;
  while(r== 0)
```

```
    { m=n;
      n=r;
      r=m%n;
    }
    printf("%d\n",n);
    printf("%d\n",nm/n);
    return 0;
}
```

2. 程序功能：用公式求 π 的近似值，直到最后一项的绝对值小于 10^{-6} 为止。

$$\pi/4 \approx 1-\frac{1}{3}+\frac{1}{5}-\frac{1}{7}+\ldots$$

源程序：

```
#include <math.h>
{ int s;
  float n,t,pi;
  t=1,pi=0;
  n=1.0;
  s=0;
  {  pi=pi+t;
     n=n+2;
     s=-1;
     t=s/n;
  }
  pi=pi*4;
  printf("pi=%10.6f\n",pi);
}
```

三、程序填空（根据程序功能，将空白处补充完整）

程序功能：计算 1−3+5−7+…−99+101 的值。
源程序：

```
#include <stdio.h>
void main()
{ int i,t=1,s=0;
    for (i=1;i<=101;i+=2)
    { _____;
      s=s+t;

      _____;
    }
    printf("%d\n",s);
}
```

四、编程题

1. 编程计算以下公式的值，直到最后一项的绝对值小于 1e−7 时为止。

$$\sin x = x - \frac{x^3}{3!} + \frac{x^5}{5!} - \frac{x^7}{7!} + \cdots$$

2. 打印所有的"梅花数"。所谓"梅花数",是指一个五位数,其各位数字的五次方和等于该数本身。例如:54748 是一个"梅花数",因为 $54748 = 5^5 + 4^5 + 7^5 + 4^5 + 8^5$。

遍历查找 10 000~99 999 的数据,要求使用 do…while 语句。

练 习 8

一、读程序，写结果

1. 源程序：

```c
#include <stdio.h>
void main()
{ int c;
  while((c=getchar())!='\n')
  { switch(c-'2')
    { case 0:
      case 1: putchar(c+4);
      case 2: putchar(c+4);break;
      case 3: putchar(c+3);
      case 4: putchar(c+2);break;
    }
  }
  printf("\n");
}
```
//第一列开始输入以下数据，<CR>代表一个回车符。
2743<CR>
//运行结果：

2. 源程序：

```c
#include <stdio.h>
#include <stdlib.h>
int main()
{
    int n,k=1,s=0,m,c=0;
    for(n=1;n<=25;n++)
    {
      k=1;s=0;m=n;
      while(m!=0)
      {
          k*=m%10;s+=m%10;m=m/10;
      }
      if(k>s)
      {
          printf("%-4d",n);c++;
          if(c%7==0) printf("\n");
      }
```

```
    }
    return 0;
}
```

二、程序改错（以下程序有错误，请根据程序功能，找出错误并改正）

程序功能：求满足等式 xyz+yzz=520 的 x、y、z 值（其中 xyz 和 yzz 分别表示一个三位数）。改正程序使其实现其功能。

源程序：

```
#include <stdio.h>
int main()
{
    int x,y,z,i,result=520;
    for(x=1;x<10;x++)
    for(y=1;y<10;y++)
    for(z=1;z<10;z++)
    {
        i=100*x+10*y+z+100*y+10*z+z;
        if(i=result)
        printf("x=%d,y=%d,z=%d\n",x,y,z);
    }
    return 0;
}
```

三、程序填空（根据程序功能，将空白处补充完整）

1. 程序功能：百元买百鸡。假定小鸡每只 5 角，公鸡每只 2 元，母鸡每只 3 元，编程求解购鸡方案。

源程序：

```
main()
{   int x,y,z;
    for (x=0;x<=33;x++)
        for(y=0;y<= _____ ;y++)
        {
            z= _____ ;
            if( _____ )
            printf("%d%d%d",x,y,z);
        }
}
```

2. 小王和小李结伴一起准备去网吧，在门口被保安拦住了。保安告诉他们：按照国家规定，未成年人不得进入网吧，也就是说，年龄低于 18 周岁的人不得进入网吧。保安询问他们的年龄，小王说："我们俩的年龄之积是年龄之和的 6 倍。"小李补充说："我们可不是双胞胎，年龄差肯定也不超过 8 岁啊。"

程序功能：通过编程替保安算算看，可以让他俩进入网吧吗？

源程序：

```
#include <stdio.h>
#include <stdlib.h>
int main()
```

```
{
    int a,b,c;
    for(a=1;a<100;a++)
        for(b=1;b<100;b++)
        {
            if(a<b){c=a;a=b;b=a;}
            if(a-b<=8)
                if(_____)
                {
                printf("%d %d\n",a,b);
                if(a>=18&&b>=18)
                    printf("____");
                else
                    printf("不可以进入");
                }
                else continue;
        }
    return 0;
}
```

四、编程题

1. 编程实现：输入 10 000 以内的阿拉伯数字金额（整数），输出中文大写金额。例如，输入 2001 时，输出贰仟零壹圆整；输入 68 时，输出陆拾捌圆整（银行、财务部门规定金额用中文大写形式表示）。

2. 编程实现：某学校有四位同学中的一位做了好事不留名，收到表扬信之后，校长问这四位同学是谁做的好事。

A 说：不是我。

B 说：是 C。

C 说：是 D。

D 说：C 说的不对。

已知三个人说的是真话，一个人说的是假话。要求根据上述信息，找出做了好事的人。

练 习 9

一、读程序，写结果

1. 程序功能：2017 年 7 月下旬某加油站汽油的价格如下：92 号汽油 6.05 元/升，95 号汽油 6.39 元/升。为吸引顾客，该油站推出了"自助服务"加油可优惠 3%的项目。要求编写程序，根据输入服务类型（y－自助，其他字符－非自助）、加油量（升）、汽油品种（92 或 95），计算并输出应付款。假设输入的数据都正确，在一行中输出应付款额，保留小数点后 2 位。

源程序：

```c
#include <stdio.h>
int main(void)
{
    int amount,petrol;
    char service;
    double discount,pay;
    printf("请输入服务类型、加油量、品种: ");
    scanf("%c%d%d",&service,&amount,&petrol);
    if(service=='y'||service=='Y')
      discount=0.03;
    else
      discount=0;
    if(petrol==92)
      pay=amount*6.05*(1-discount);
    else
      pay=amount*6.39*(1-discount);
    printf("应付款=%.2f 元\n",pay);
    return 0;
}
```

输入信息：y20 92
输出结果：

2. 程序功能：用户在系统所显示的菜单中输入所选功能，如果用户选择 List 功能则打印数据文件中的成绩，形成成绩报表；如果选择 Exit 功能则退出系统。学生成绩保存于数据文件中。

源程序：

```c
#include <stdlib.h>
#include <stdio.h>
int main()
{
    float comp_s,eng_s,maths_s,sum;
```

```
      int choice,j,i=0;
      FILE *fp;
      while(1)
      {
        printf("\n\n\tSchool report\n");
        printf("\t|1---List  \n");
        printf("\t|2---Exit  \n");
        printf("\t Please input your choice:");
        scanf("%d",&choice);
        if(choice>2||choice<1) continue;
        else break;
      }
      fp=fopen("1.txt","r");
      switch(choice)
      {
        case 1:
          system("cls");
          printf("\t\t\t成绩报表\t\n\n");
          printf("|     计算机|     英语|     高数 |      总分|\n");
          printf("------------------------------------------------------\n");
          while(fscanf(fp,"%f,%f,%f",&comp_s,&eng_s,&maths_s)!=-1)
          {
            sum=comp_s+eng_s+maths_s;
            if(sum>270)
            {
              printf("|%12.1f|%12.1f|%12.1f|%12.1f|\n",comp_s,eng_s,maths_s,sum);
              printf("------------------------------------------------------\n");
            }
            i++;
          }
          fclose(fp);
          system("pause");
          break;
        case 2:
          printf("退出\n");
          exit(0);
      }
        return 1;
    }
```

数据文件如图 2-9-1 所示。

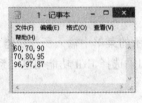

图 2-9-1

输入信息：1

输出结果：

二、程序改错（以下程序有错误，请根据程序功能，找出错误并改正）

程序功能：输出(1,50000)范围的完全数。完全数是恰好等于自身的因子之和的数，例如 6 是完全数，因为 6=1×2×3=1+2+3。

源程序：

```c
#include <stdio.h>
int main()
{
    int i,m,n;
    for(i=1,i<=50000,++i)
    {   n=1;
        for(m=1;m<i;++m)
            if(i%m=0)
                n+=m;
        if(n=i)
        {
            printf("%5d=%d",i,1);
            for(m=2;m<i;++m)
                if(i%m==0) printf("+%d",m);
            printf(" ");
        }
    }
    return 0;
}
```

程序运行结果如图 2-9-2 所示。

```
    6=1+2+3
   28=1+2+4+7+14
  496=1+2+4+8+16+31+62+124+248
 8128=1+2+4+8+16+32+64+127+254+508+1016+2032+4064
```

图 2-9-2 输出(1,50000)范围的完全数

三、程序填空（根据程序功能，将空白处补充完整）

1. 程序功能：计算并输出 100（包括 100）以内能被 5 或 9 整除的所有自然数的倒数之和，并将结果输出到文件 file1.txt 中。

源程序：

```c
#include <stdio.h>
int main()
{
    FILE *fp;
    fp=fopen("file1.txt","w");
    int i;
    double sum=0.0;
    for(i=1;i<=100;i++)
    if(_____)
        sum+= _____;
    fprintf(fp,"%lf",sum);
    _____;
}
```

2. 程序功能：输出特定图形，如图 2-9-3 所示。

源程序：

```c
#include <stdio.h>
void main()
{
    int i,j;
    for(i=0;i<=_____;i++)
    { for(j=0;j<_____;j++)
        printf( _____ );
        _____
    }
}
```

图 2-9-3 特定图形

四、编程题

1. 按程序功能编写程序。

程序功能：要求输入一周中的工作小时数，然后打印工资总额、税金以及净工资。将程序保存为 bc1.c。

数据实例：

（1）基本工资等级参见输出信息。

（2）加班（超过 40 小时）= 1.5 倍的时间、

（3）设税率前 300 元为 15%，下一个 150 元为 20%，余下的为 25%。

输出信息：

```
**************************************************
Enter the number corresponding to the desired pay rate or action:
(1)  8.75 元/小时  (2)  9.33 元/小时
(3) 10.00 元/小时 (4) 11.20 元/小时
```

2. 按程序功能编写程序。

程序功能：输入一串字符，将其中字母字符加密（例如'a'变'c'，'b'变'd'），然后将加密后的字符串输出。将程序保存为 bc2.c。

输入样例数据：12ace234AD

输出：12ceg234CF

练　习　10

一、读程序，写结果

源程序：

```
void main()
{
  int a[10],i,j;
  for(i=0;i<10;i++)
    scanf("%d",&a[i]);
  for(i=0;i<10;i++)
  {
    for(j=0;j<10;j++)
      if (i!=j&&a[i]==a[j])
        break;
    if (j>=10 )
      printf("%d",a[i]);
  }
}
```

输入：12　36　72　36　87　99　87　87　12　35

输出：

二、程序改错（以下程序有错误，请根据程序功能，找出错误并改正）

1. 程序功能：下面的程序用于将计算 n 个元素组成的整型数组中去掉一个最大值和一个最小值后求平均值（如果有多个相同的最大值和最小值，只需去掉一个，且要求 $n>2$）。

源程序：

```
#define N 10
void main()
{
  int a[N],i,sum,max,min;
  float aver;
  for(i=0;i<n;i++)
    scanf("%d",&a[i]);
  sum=max=min=0;
  for(i=1;i<N;i++)
  {
    if(max<a[i]) max=a[i];
    if(min>a[i]) min=a[i];
    sum=sum+a[i];
  }
```

```
aver=(sum-max-min)/(N-2);
printf("average=%f\n",aver);
}
```

2. 程序功能：用冒泡排序法求出由 21 个整数组成的数组的中间值，并输出所有大于中间值的偶数。

源程序：

```
#include <stdio.h>
void main()
{
  int i,j,temp;
  int array[21];
  for(i=0;i<21;i++)
    scanf("%d", array[i]);
  for(i=0;i<21;i++)
    for(j=0;j<20;j++)
      if(array[j]>array[j+1])
      {
        temp=array[j];
        array[j]=array[j+1];
        array[j+1]=temp;
      }
  printf ("%d", array[10]);
  for(i=0;i<21;i++)
    if(array[i]/2==0)
      printf(" %d ",array[i]);
}
```

三、程序填空（根据程序功能，将空白处补充完整）

1. 程序功能：以下程序的功能是判断一个输入的正整数是否是回文数。如：123321 是回文数，12321 也是回文数。

源程序：

```
void main()
{
  int a[20],i,j;long d;
  printf("\n");
  scanf("%ld",&d);
  for(i=0;d;d/=10,i++)
  _____ //提取组成该整数的数字
  for(j=0;j<i;j++)
  _____ //如果对称数字不一致
  _____ //跳出循环
  if(j>=i/2)
    printf("是回文数\n");
}
```

2. 程序功能：给一维数组 a 输入任意 4 个整数，并按下例的规律输出。例如，输入 1、2、3、4，程序运行后将输出以下方阵。

```
4 1 2 3
3 4 1 2
2 3 4 1
1 2 3 4
```

源程序：
```
#include <stdio.h>
#define M 4
void main()
{
  int a[M]; int i,j,k,m;
  printf("Enter 4 number : ");
  for(i=0;i<M;i++)
    scanf("%d",&a[i]);
  printf("\n\nThe result :\n\n");
  for(i=M;i>0;i--)
  {
      _____//记录最后一个数
    for(j=M-1;j>0;j--)
        _____//移位赋值
        _____//将最后的数移到最前面
    for(m=0; m<M; m++)
      printf("%d ",a[m]);
    printf("\n");
  }
}
```

四、编程题

1. 数组 a 包括 10 个整数，把 a 中所有的后项除以前项之商取整后存入数组 b，并按每行 3 个元素的格式输出数组 b。

2. 输入 4 个学生的 4 门课的成绩，计算出每位学生的平均分，然后按平均成绩由高到低的顺序输出 4 门课的排序前的成绩表和排序后成绩表。（成绩表包括每位学生的 4 门课成绩和平均分）

练 习 11

一、读程序，写结果

源程序：

```
#include <string.h>
void main()
{ char s[100],t[100];
  int i,d;
  printf("\nPlease enter strnig S: "); scanf("%s",s);
  d=strlen(s);
  for(i=0; i<d; i++)
    t[i]=s[d-1-i];
  for(i=0; i<d; i++)
    t[d+i]=s[i];
  t[2*d]='\0';
  printf("\n The result is:  %s\n",t);
}
```

输入：ABCD

输出：

二、程序改错（以下程序有错误，请根据程序功能，找出错误并改正）

1. 程序功能：以下程序统计字符'#'与数字字符的个数。

源程序：

```
void main()
{
  char  str[81];
  int  n1, n2,i;
  gets(str);
  for(i=0;str[i]!='\0';i++)
  {
    if(str[i]='#')
      n1++;
    if(str[i]>=0&&str[i]<=9)
      n2++;
  }
  printf("space=%d, digit=%d\n",n1,n2);
}
```

2. 程序功能：在字符串中删除所有字母字符。

如输入：Abc80er29Ss

则输出：删除数字字符后的字符串：8029
　　　　所删除的数字字符个数：7

源程序：

```c
#include <stdio.h>
#include "string.h"
int f(char s[])
{
    int i=0;
    int count=0;
    while(s[i]!='\0')
        if(s[i]>='a'&&s[i]<='z')
        {
            strcpy(s,s+i);
            count=count+1;
        }
        else
            i++;
            return count;
}
void main()
{
    int m;char str[80];
    gets(str);
    m=f(str[80]);
    printf("删除数字字符后的字符串:");
    puts(str);
    printf("\n所删除的数字字符个数: %d\n",m);
}
```

三、程序填空（根据程序功能，将空白处补充完整）

1. 程序功能：输入一行字符，从中读出所有单词，并将所有单词的首字符组成字符串后输出。（设单词以空格分隔）

源程序：

```c
#include <stdio.h>
#include <string.h>
void main()
{
  char str[81],s[20],c;
  int i,j,word=0;
  printf("Enter the string\n");
  gets(str);
  i=0;
  j=0;
  while((c=str[i])!='\0')
  {
    if(c==' ')   //空格表示单词结束
    _____//把后面单词的第一个字母赋给新字符串
    else if(c!=' ' && word==0)
    {
```

```
        word=1;
            _____//把第一个单词的第一个字母赋给新字符串
    }
    i++;
}
    _____//新字符串加结尾符
  printf("The new string is:%s\n",s);
}
```

2. 程序功能：输入两个字符串，比较大小。

源程序：

```
#include <stdio.h>
void main()
{
  char str1[81],str2[81];
  int i;
  printf("Input the first string:\n");
  _____/*输入字符串1*/
  printf("Input the second string:\n");
  gets(str2);                          /*输入字符串2*/
  for(i=0;str1[i]==str2[i];i++) /*在两个串中比较对应位置上的字符，相同则继续循环 */
      /*当其中一个字符串判断结束，则从循环中跳出*/
      break;
      if(str1[i]==str2[i])
        printf("0\n");                 /*循环结束时,两字符串同时结束,输出 0*/
      else if((str1[i]-str2[i])>0)
      _____/* 找到对应位置不同字符,返回两字符值之差 */
      else
       printf("<");
}
```

四、编程题

1. 编程实现如下功能：把两个字符串合并且按升序排列，首先对字符串 a 按 ASCII 码值从小到大升序排列，然后把字符串 b 中的字符按升序规则插入到已排好序的字符串 a 中。

2. 编程实现如下功能：输入一个字符串，将其中字符 a 转换为 shu 后输出，如输入 abchelloabc，则输出 shubchelloshubc。

练 习 12

一、读程序，写结果

源程序：

```
void main()
{ int a[3][4]={1,2,3,4,5,6,7,8,9,10,11,12};
  int i,j,m,n;
  scanf("%d%d",&i,&j);
  for(n=j-1;n<4;n++)
    printf("%5d",a[i-1][n]);
  for(m=i;m<3;m++)
    for(n=0;n<4;n++)
      printf("%5d",a[m][n]);
}
```

输入：2,3

输出：_____

二、程序改错（以下程序有错误，请根据程序功能，找出错误并改正）

1. 程序功能：设有 3 名学生成绩存在如下的数组中。

int score[3][4]={{65,57,70,60},{90,87,50,81},{90,65,100,98}}

编程输出有成绩低于 60 分的某学生所有成绩。

源程序：

```
void main()
{
  void search(float p[3][4],int n);
  float score[3][4]={{65,57,70,60},{58,87,90,81},{90,99,100,98}};
  search(score[3][4],3);
}
void search(float p[3][4],int n)
{
  int i,j,flag;
  for(j=0;j<n;j++)
  {
    flag=0;
    for(i=0;i<4;i++)
    if(p[j][i]<60)
      flag=1;
    if(flag==0)
    {
```

```
      printf("No.%d fails,his scores are : \n",j+1);
      for (i=0;i<4;i++)
        printf("%6.1f",p);
      printf("\n");
    }
  }
}
```

2. 程序功能：输出 *M* 行 *M* 列整数方阵，然后求两条对角线上的各元素之和，返回此和数。

源程序：

```
#include <stdio.h>
#define M 5
int fun(int n,int xx[][M])
{ int i,j,sum;
  printf("\n The %d x %d matrix:\n",M,M);
  for(i=0;i<n;i++)
  { for(j=0;j<n;j++)
      printf("%4d",xx[i][n]);
    printf("\n");
  }
  for(i=0;i<n;i++)
    sum+=xx[i][i]+xx[n-i][i];
  return sum;
}
void main()
{ int aa[M][M]={{1,2,3,4,5},{4,3,2,1,0},{6,7,8,9,0},{9,8,7,6,5},{3,4,5,6,7}};
  printf("\n the sum of all elements on 2 diagnals is %d.",fun(M,aa));
}
```

三、程序填空（根据程序功能，将空白处补充完整）

1. 程序功能：扫描二维数组，统计其中正数、负数和零的个数。

源程序：

```
void main()
{ int a[3][4]={1,2,3,4,0,-1,-2,-5,5,6,-8,0};
    int p,m,z,i,j;
    _____    //赋初值
    for(i=0;i<3;i++)
      for(j=0;j<4;j++)
        if(_____) p++;//元素为正
        else if(a[i][j]==0) z++;
          _____    //其他情况
    printf("p=%d   m=%d   z=%d\n",p,m,z);
}
```

2. 程序功能：在二维表中根据用户输入的学生姓名查找成绩。

源程序：

```
#include <stdio.h>
#include <string.h>
void main()
{
```

```
int i,j,score[3][4]={{65,57,70,60},{50,87,90,81},{90,99,100,98}};
char name[8],all_name[3][8]={"zhang","li","wang"};
printf("please enter a name:");
gets(name);
for(i=0;i<=2;i++)
  if( _____ )                        //找到该学生
    break;
  if(i<3)
  {
    printf("%s 的成绩为: ",_____);    //输出某学生
    for(j=0;j<4;j++)
      _____                      //输出成绩
    printf("\n");
  }
  else
    printf("没有这个人\n");
}
```

四、编程题

1. 编程实现将一个 $n \times n$ 的矩阵行列转置后输出，转置功能由函数 reverse() 实现。

2. 设一个班上有 80 个学生，有 10 门科目，输出每一名学生的成绩和平均分，并且按照从小到大排列。请使用二维数组编程实现。

练 习 13

一、读程序，写结果

1. 源程序：

```c
#include <stdio.h>
#include <math.h>
int func(int num)
{
    int s=0;
    num=abs(num);
    do
    {
        s+=num%10;
        num/=10;
    } while(num);
return(s);
}
int main()
{
    int n;
    printf("请输入一个整数: ");
    scanf("%d",&n);
    printf("输出结果:  %d\n",func(n));
    return 0;
}
```

输入：2019

输出：

2. 源程序：

```c
#include <stdio.h>
void reverse(int a[ ],int n)
{
    int i,t;
    for(i=0; i<n/2; i++)
    {
        t=a[i];
        a[i]=a[n-1-i];
        a[n-1-i]=t;
    }
}
int main()
```

```
{
    int b[10]={16,32,95,98,106,36,1,0,19,210};
    int i,s=0;
    reverse(b,10) ;
    for(i=0; i<10; i++)
        printf("%5d", b[i] );
    return 0;
}
```

二、程序改错（以下程序有错误，请根据程序功能，找出错误并改正）

1. 程序功能：判别输入的正整数是否对称，如对称，输出"YES"，否则输出"NO"。对称是自然界中普遍存在且奇妙有趣的现象。数学中有一种对称数字，如 1589851 是对称数字，158 则不是对称数字。

源程序：

```
#include <stdio.h>
int main()
{
    long n;
    int a[20],i=0;
    scanf("%d",&n);
    while(n>0)
    {
        a[i]=n%10;
        n=n/10;
    }
    for(n=0; n<i; n++)
        if (a[n]!=a[i-n-1])  continue;
    if(n>=i/2)   printf(" YES");
    else printf(" NO");
    return 0;
}
```

2. 程序功能：计算 $s=1^k+2^k+3^k+\cdots+N^k$ 的值。

源程序：

```
#include <stdio.h>
int  f1(n,k)
{
    int power=n;
    int i;
    for(i=1; i<k; i++)  power*=n;
    return n;
}
int  f2(int n,int k)
{
    int sum;
    int i;
    for(i=1; i<=n; i++)
        sum+=f1(i,k);
    return sum;
```

```
}
int main()
{
    int sum,n,k;
    scanf("%d%d",&n,&k);
    sum=f2(n,k);
    printf("sum=%d\n",sum);
    return 0;
}
```

三、程序填空（根据程序功能，将空白处补充完整）

1. 程序功能：从键盘输入若干（不超过 50）学生的成绩，计算出平均成绩，并输出低于平均分的学生成绩（人数由键盘输入，成绩输入-1 时结束输入），请填空。

源程序：

```
#include <stdio.h>
#define N 50
int main()
{
    float score[N],sum=0.0,ave,a;
    int num=0,n,i;
    printf("Enter numbers: ");
    scanf("%d",&n);
    printf("Enter mark:(-1 结束输入)\n");
    scanf("%f",&a);
    while(a>=0.0&&n<N && a!=-1)
     {
        sum=_____;
        score[num]=a;
        _____;
        scanf("%f",&a);
    }
    ave=sum/n;
    printf("平均分 ave=%.1f\n",ave);
     printf("低于平均分的成绩: \n");
    for(i=0;i<n;i++)
        if(_____)
    printf("%.2f\n",score[i]);
}
```

2. 程序功能：利用顺序查找法从数组 a 的 10 个元素中对关键字 m 进行查找。若找到，则返回此元素的下标；若未找到，则返回值-1。请填空。

源程序：

```
#include <stdio.h>
int search(int a[10],int m)
{
    int i;
    for(i=0;  i<=9;  i++)
        if(_____) return(i);
    return(-1);
```

```
}
int main()
{
    int a[10],m,i,no;
    printf("Input 10 numbers:\n");
    for(i=0; i<10; i++)
        scanf("%d",&a[i]);
    printf("Input m:\n");
    scanf("%d",&m);
    no=(_____ ;
    if(  _____  )
        printf("\n OK FOUND!  是第%2d 个\n",no+1);
    else printf("\n Sorry Not Found!\n");
    return 0;
}
```

四、编程题

1. 输入一个正整数，将其各位数相加，一直加到只剩一位数为止。如 123456789 --> 45 --> 9。

2. 从 a 数组中挑选出互不相同的数，并按从小到大的顺序转存于一维数组 b 中。

练 习 14

一、读程序，写结果

1. 源程序：

```c
#define M 4
#include <stdio.h>
int fun (int a[][M])
{
    int i,j,min=a[0][0];
    for(i=0; i<4; i++)
        for(j=0; j<M; j++)
            if(min>a[i][j])
                min=a[i][j];
    return min;
}
int main()
{
    int arr[4][M]= {11,3,9,35,42,-4,24,32,6,48,-32,7,23,34,12,-7};
    printf("min=%d\n",fun(arr));
    return 0;
}
```

2. 源程序：

```c
#include <stdio.h>
void sort(int *array,int n)
{
    int i,j,k,t;
    for(i=0; i<n-1; i++)
    {
        k=i;
        for(j=i+1; j<n; j++)
            if(*(array+j)>*(array+k)) k=j;
        t=*(array+k);
        *(array+k)=*(array+i);
        *(array+i)=t;
    }
}
int main()
{
    int a[10]={34,1,0,-34,44,356,-12,56,99,123},i;
    sort(a,10);
    printf(" data : \n");
```

```
    for(i=0; i<10; i++)
        printf("%5d",a[i]);
    printf("\n");
    return 0;
}
```

二、程序改错（以下程序有错误，请根据程序功能，找出错误并改正）

1. 程序功能：删除数组中所有值为 n 的元素。

源程序：

```
#include <stdio.h>
int m;
void del_element(int num,int n)
{   int i,j;
    for(i=0;i<m;i++)
    if(num[i]==n)
    {
        for(j=i;j<m;j++)
        num[j-1]=num[j];
        m--;
        i++;
    }
}
void main()
{   int num[10];
    int i,n;
    m=10;
    printf("\nInput array num:\n");
    for(i=0;i<10;i++)
        scanf("%d",&num[i]);
    printf("please input  n\n");
    scanf("%d",&n);
    del_element(num,n);
    for(i=0;i<m;i++)
        printf("%d ",num[i]);
}
```

2. 程序功能：输出图 2-14-1 所示结果。

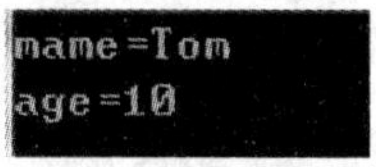

```
name=Tom
age=10
```

图 2-14-1　程序运行结果

源程序：

```
#include <stdio.h>
#include <string.h>
struct person
{
    char name[20];
    int age;
} x1= {"Tom", 10};
```

```
int main( )
{
    int p;
    p=x1;
    strcpy(p,x1);
    printf ("name=%s\nage=%d\n", p.name, p.age)
    return 0;
}
```

三、程序填空（根据程序功能，将空白处补充完整）

1. 程序功能：将两个字符串连接，并显示。请填空。

源程序：

```
#include <stdio.h>
void concat(char string1[],char string2[],char string[])
{
    int i,j;
    for(i=0;_____ ; i++)
        string[i]=string1[i];
    for(j=0; string2[j]!='\0'; j++)
        _____;
        _____ ;
}
int main()
{
    char s1[100],s2[100],s[100];
    printf("\ninput string1:");
    scanf("%s",s1);
    printf("input string2:");
    scanf("%s",s2);
    concat(_____);
    printf("the new string: %s\n",s);
    return 0;
}
```

2. 程序功能：求一维数组 x[N]的平均值，并对所得结果进行四舍五入（保留两位小数）。例如，当 x[10]={15.6,19.9,16.7,15.2,18.3,12.1,15.5,11.0,10.0,16.0}，结果为 avg=15.030000。请填空。

源程序：

```
#include <stdio.h>
double fun(double x[10])
{
    int i;
    long t;
    double avg=0.0;
    double sum=0.0;
    for(i=0; i<10; i++)
        _____;
    avg=sum/10;
    avg= _____ ;
    t= _____ ;
```

```
        avg=(double)t/100;
        return avg;
}
int main()
{
        double avg,x[10]= {15.6,19.9,16.7,15.2,18.3,12.1,15.5,11.0,10.0,16.0};
        int i;
        printf("\nThe original data is :\n");
        for(i=0; i<10; i++)
            printf("%6.1f",x[i]);
        printf("\n\n");
        avg=fun(x);
        printf("average=%.2f\n\n",avg);
        return 0;
}
```

四、编程题

1. 编写一个程序实现如下功能。定义一个点的结构数据类型，实现下列功能：

（1）为点输入坐标值。

（2）求两个点中点坐标。

（3）求两点间距离。

2. 编写几个函数，实现下列功能：

（1）输入 10 个职工的姓名和职工号。

（2）按职工号由小到大顺序排序，姓名顺序也随之调整。

（3）要求输入一个职工号，用二分查找法找出该职工和姓名，从主函数输入要查找的职工号。

练 习 15

一、读程序，写结果

1. 源程序：

```c
#include <stdio.h>
int fun1(int a[3][4],int i)
{
    int j,max;
    max=a[i][0];
    for(j=1; j<4; j++)
        if(a[i][j]>max)
            max=a[i][j];
    return(max);
}
int fun2(int a[3][4],int j)
{
    int i,min;
    min=a[0][j];
    for(i=1; i<3; i++)
        if(a[i][j]<min)
            min=a[i][j];
    return(min);
}
int main()
{
    int i,j;
    int a[3][4]={{1,2,3,4},{5,6,7,8},{9,10,11,12}};
    int b[3],c[4];
    for(i=0; i<3; i++)
        b[i]=fun1(a,i);
    for(j=0; j<4; j++)
        c[j]=fun2(a,j);
    for(i=0; i<3; i++)
        printf("%d: %d\n",i,b[i]);
    for(j=0; j<4; j++)
        printf("%d: %d\n",j,c[j]);
        return 0;
}
```

2. 源程序：

```c
#include <stdio.h>
#define N 80
```

```
int bb[N];
int fun(char s[],int bb[],int num)
{
    int i,n=0;
    for(i=0; i<num; i++)
    {
        if(s[i]>= '0' &&s[i]<='9')
        {
            bb[n]=s[i]-'0';
            n++;
        }
    }
    return  n;
}

int main()
{
    char str[N];
    int num=0,n,i;
    printf("Enter a string:\n");
    gets(str);
    while(str[num])
        num++;
    n=fun(str,bb,num);
    for(i=0; i<n; i++)
        printf("%d",bb[i]);
    return 0;
}
```

输入：hello123word789

输出：

二、程序改错（以下程序有错误，请根据程序功能，找出错误并改正）

1. 程序功能：求多项式 $a_n x^n + a_{n-1} x^{n-1} + a_{n-2} x^{n-2} + \ldots + a_1 x + a_0$ 的值。

源程序：

```
#include <stdio.h>
#include <math.h>
struct Poly
{
    float a;    /*系数*/
    int n;      /*指数*/
};
fpvalue()
{
    struct Poly p;
    double pvalue=0;
    float x;
    printf("输入多项式X:\n");
    scanf("%f",&x);
    printf("输入多项式系数（a）和指数（n,n=-10000，结束）:\n");
```

```
    scanf("%f %d", p.a, p.n);
    while(p.n!=-10000)
    {
        pvalue+=p.a*pow(x, n);
        scanf("%f %d", p.a, p.n);
    }
    return pvalue;
}
int main()
{
    printf("多项式的值: %8.2f\n",fpvalue());
    return 0;
}
```

2. 程序功能：统计成绩中至少有一门不及格的人数。

源程序：

```
#include <stdio.h>
struct student
{
    int  num;
    char  name;
    char  sex;
    float  score[2];
} stu[5]= {{101,"Tom",'M',45,67},{102,"Jane",'M',62.5,76},
    {103,"Mary",'F',92.5,58}, {104,"Suny",'F',87,78},
    {105,"Tuoci",'M',58,65}
};
int main()
{
    int i,j,c,count;
    float s;
    for(i=0; i<5; i++)
    {
        c=1;
        for(j=0; j<2; j++)
            if(score[j]<60)  c++;
        if(c=1) count++;
    }
    printf("\ncount=%d\n",count);
    return 0;
}
```

三、程序填空（根据程序功能，将空白处补充完整）

1. 程序功能：删除一行语句中左边的空格。请填空。

源程序：

```
#include <stdio.h>
#include <string.h>
void moveleft(const char *p1,char *p2)
{
    char *temp=(char *)p1;
    while(*temp ==' ')
        temp++;
```

```
    while(*temp _____ )
    {
        *p2=*temp;
        _____ ;
        temp++;
    }
    *p2='\0';
}
int main()
{
    char *p="  China is a great country.";
    char str[100]={0};
    printf("原文是: %s\n",p);
    moveleft( _____ );
    printf("去掉左边的空格后: %s\n",str);
    return 0;
}
```

2. 程序功能：简易密码变换。输入一行字符，将其中的小写字母用该字母之后的第 4 个字母进行替换，如将'a'替换为'e'，若替换的字母超过'z'则循环到'a'，如'w'替换为'a'。

源程序：

```
#include <stdio.h>
void trans( char *s1,char *s2 )
{   /*将字符串 s2 变换为 s1*/
    char ch;
    while(_____ )
    {
        if(ch>='a'&&ch<='z')
        {
            ch+=4;
            if(ch>'z')
                ch=_____ ;
        }
        *s1=ch;
        s1++;
    }
    *s1=_____ ;
}
int main()
{
    char str1[100],str2[100];
    gets(str2);
    _____ ;
    puts(str1);
    return 0;
}
```

四、编程题

1. 编程实现如下功能：从键盘输入两个日期（年、月、日），求两个日期之间的天数（用结构体实现）。

2. 编写程序，实现对职工工资的简单统计功能。假设职工信息包含工号和姓名、基本工资、奖金、提成、实发工资，分别统计平均工资、最高工资和最低工资。将职工工资信息存入文件中。

练 习 16

一、读程序，写结果

1. 源程序：

```c
#include <stdio.h>
void insert(int [],int *,int);
int main()
{
    int a[20],number,j,n=10;
    scanf("%d",&number);
    for(j=0; j<n; j++)
        a[j]=2*j;
    insert(a,&n,number);
    printf("output:\n");
    for(j=0; j<n; j++)
        printf("%3d",a[j]);
    return 0;
}
void insert(int x[],int *n,int num)
{
    int *j,*k;
    j=x;
    k=x+*n-1;
    while (j<=k&&*j<num)
        j++;
    if(j<=k)
        for(; k>=j; k--)
            *(k+1)=*k;
    *j=num;
    (*n)++;
}
```

输入：7

输出：

2. 源程序：

```c
#include <string.h>
#include <stdio.h>
#include <stdlib.h>
copysubstr(char *a, char *b, int k)
{
    a=a+k-1;
```

```
    while(*a!='\0')
        *b++=*a++;
    *b='\0';
}
int main()
{
    int position;
    char *str1="hello world", *str2;
    str2=(char *)malloc(100);   /* 分配到可存放字符串的内存块，100字节  */
    scanf("%d",&position);
    if(position>strlen(str1))
        printf(" the value of position is error\n");
    else
    {
        copysubstr(str1,str2,position);
        printf("%s\n",str2);
    }
    return 0;
}
```

输入：6

输出：

二、程序改错（以下程序有错误，请根据程序功能，找出错误并改正）

1. 程序功能：学生学号(stuID)和英语成绩(english)存于结构体数组 person 中，函数 fun()的功能是：找出英语成绩最低的那名学生。

源程序：

```
#include <stdio.h>
struct stud
{
    char stuID[20];
    int english;
} ;
fun(struct stud person[],int n)
{
    int min,i;
    min=0;
    for(i=0; i<n; i++)
        if(person[i].english <person[min].english )  min=i;
    return (person);
}
int main()
{
    struct   stud  a[]=   {{"18123001",91},{"18123003",90},{"18123008",88},
{"18123005",72}};
    int n=4;
    struct  stud lowers;
    lowerers=fun(a,n);
    printf("%s 是英语成绩最低的,成绩是: %d\n",lowerers.stuID,lowerers.english);
```

```
    return 0;
}
```

2. 程序功能：删除有序数组中的指定元素。

源程序：

```
#include <stdio.h>
int del(int a[],int n,int x)
{
    int p=0,i ;
    while(x>=a[p]||p<n)
      p++;
    for(i=p-1; i<n; i++)
      a[i-1]=a[i];
    return n;    //返回删除后的数组元素个数
}
int main()
{
    int a[15]={6,23,28,40,67,87,89,90,91,92},i,j=67,s;
    s=del(a,10);
    for(i=0;i<s;i++)
      printf("%4d",a[i]);
}
```

三、程序填空（根据程序功能，将空白处补充完整）

1. 程序功能：建立一份同学通讯录，包含姓名、电话、通信地址、邮编、生日等信息，要求按姓名的字母顺序排列输出通讯录。

源程序：

```
#include <stdio.h>
#include <string.h>
struct data
{
    int month;
    int day;
    int year;
};
struct  stud
{
    char name[20];
    char tele[12];
    char zip[7];
    struct data  birthday;
    char addre[30];
};
struct  stud stud1[30]= {"liming","1331187907","210020",3,14,1988,"beijing",
"chaening","13789087907","260020",8,14,1980,"tianjing","being","13678987907
7","710020",9,14,1990,"nanjing"};

int main()
{
    int k,i,j,n=3;
    _____ temp;
    for(i=0;i<n-1;i++)
    {
```

```
        k=i;
        for(j=_____;j<n;j++)   // j=i+1
            if(_____)
                k=j;
        temp=stud1[i];
        stud1[i]=stud1[k];
        stud1[k]=temp;
    }
    printf("姓名        电话        邮编        生日            地址\n");
    for(i=0; i<3; i++)
        printf("%10s%12s%8s      %2d-%2d-%4d  %15s\n",stud1[i].name,stud1[i].
tele,stud1[i].zip,stud1[i].birthday.month,stud1[i].birthday.day,stud1[i].b
irthday.year,stud1[i].addre);
    return 0;
}
```

2. 程序功能：从键盘输入一行字符，求出其中最长的单词。例如，输入：Shanghai is a beautiful city，则输出结果：beautiful。

源程序：

```
#include <stdio.h>
#include <string.h>
void find(char str[],int a[2])
{
    int i,len;
    len=0;
    a[1]=0;
    for(i=0;_____ ; i++)
    if(str[i]>='a'&&str[i]<='z'||str[i]>='A'&&str[i]<='Z')
    len++;
    else
    {if(_____) {a[1]=len;a[0]=i-len;}
     len=0;
    }
}
int main()
{
    char string[80];
    int i,b[2];
    gets(string);
    find( _____ );
    for(i=b[0];i<b[0]+b[1];i++)
    printf("%c",string[i]);
    printf("\n");
    return 0;
}
```

四、编程题

1. 编写程序，利用函数实现功能：求 x[4][4]中每行元素的和，并求出和中最小值及所在的位置。

2. 已知某结构体数组存储了若干种食品信息，结构包含 id（食品代号）、name（名称）、price（价格）和 validay 有效期，试编写程序，对有效期在某规定日期（自行假设）之前的食品价格一律下调 30%，并求出所有食品的平均价。

练 习 17

一、读程序，写结果

1. 源程序：

```c
#include <stdio.h>
int main()
{
    int i,num, m,n=0, digit;
    scanf("%d%d", &num, &digit);
    if(num<0) num=-num;
    m=num%10;
    for(i=0; num>0; i++)
    {
        if(m==digit) n=n+1;
        num=num/10;
        m=num%10;
    }
    printf("%d",n);
    return 0;
}
```

输入：-1356534522 5

输出：

---

2. 源程序：

```c
#include <string.h>
#include <stdio.h>
int main()
{
    char str[50],str1[50];
    int i=0;
    printf("p1:input your name:");
    gets(str);
    fflush(stdin);
    do
    {
      if(!i)
        {printf("\ninput Mobile phone:");}
      else
      {
          printf("\nMobile phone error!Enter again!\n");
```

```
        }
        gets(str1);fflush(stdin);i++;
    }while(strlen(str1)!=11);
    printf("your information is correct!");
    printf("\n%s mobile phone is %s\n",str,str1);
}
```

输入：

```
ming wang
1334567801
```

输出：

_____

继续输入：

```
13345678012
```

输出：

_____

3. 源程序：

```
#include <stdio.h>
float cost,retail;
char name_commodity[50];
int read_file(int num)
{
    int s_number,find=0;
    FILE *fp;
    if((fp=fopen("lr.txt","r"))==NULL)
    {
        printf("file cannot open \n");
        exit(0);
        //exit 结束程序，一般 0 为正常退出，其他数字为异常
    }
    while(!feof(fp))
    {
        fscanf(fp, "%d,%f,%f,%s",&s_number,&cost,&retail,name_commodity);
        if(num==s_number)
        {
            printf("%d,%f,%f,%s",s_number,cost,retail,name_commodity);
            find=1;break;
        }
    }
    fclose(fp);
    return find;
}
float profits()
{
    return retail-cost;
}
void table_title()
```

```
{
    printf("\n\t\t | name_commodity | cost | retail | profits |");
}
int main()
{   int mu,result;
    printf("Input find no?");
    scanf("%d",&mu);printf("\n\n\tno:%d",mu);system("cls");
    if(read_file(mu))
    {
        system("cls");
        table_title();
        printf("\n\t\t|%14s|%6.2f|%8.2f|%7.2f|",
        name_commodity,cost,retail,profits());
    }
    else
        printf("\n\t\trecord no  %d  is not exist!",mu);
    return 0;
}
```

数据文件的内容如图 2-17-1 所示。

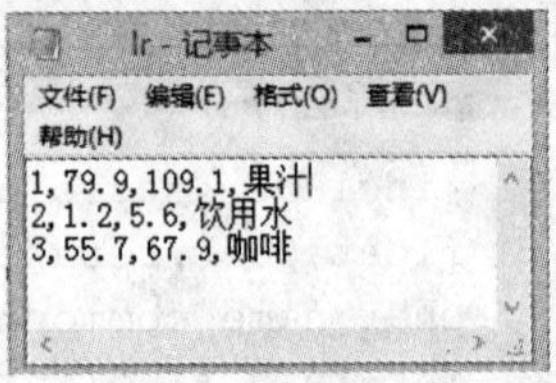

输入：1

输出结果：

_____

输入：4

输出结果：

_____

图 2-17-1　数据文件的内容

二、**程序改错**（以下程序有错误，请根据程序功能，找出错误并改正）

1. 程序功能：求 10 个整数中的最大值和次大值，并输出。正确的运行结果如图 2-17-2 所示。

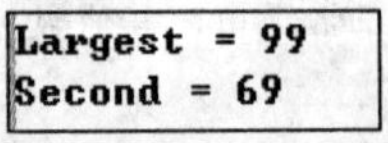

```
Largest = 99
Second = 69
```

图 2-17-2　求最大值和次大值

源程序：

```
#include <stdio.h>
int main()
{
    int array[9]={99, 11, 3, 4, 50, 69, 7, 8, 9, 0};
    int loop, largest, second;
    if(array[0]>array[1])
    {
        largest=array[0];
        second=array[1];
    }else
    {
        largest=array[1];
        second =array[0];
```

```
    }
    for(loop=1; loop<10; loop++)
    {
        if(largest<array[loop])
            second=largest;largest=array[loop];
        else(second<array[loop])
        {
            second=array[loop];
        }
    }
    printf("Largest = %f \nSecond = %f \n", largest, second);
    return 0;
}
```

2. 程序功能：利用排序算法将数组中的数从小到大排序输出。运行结果如图 2-17-3 所示。

图 2-17-3　排序输出数组中的数

源程序：

```
#include <stdio.h>
void sortA1(int a[],int length){
    int i,j,temp;
    for(i=0; i<length; ++i){
        for(j=1; j<length; ++j){
            if(a[j]<a[i])
            {
                temp=a[i];
                a[j]=a[i];
                a[j]=temp;
            }
        }   }}
void printA1(int a,int length){
    int i;
    for(i=0; i<length; ++i)
    {
        printf("%d,",a[i]);
    }
    printf("\n");
}
int main()
{
    int length=0;
    int a[]={12, 43, 8, 50, 100, 52,0};
    length=sizeof(a);
    printf("排序前\n");
    printA1(a, length);
```

```
       sortA1(a[],length);
       printf("选择排序后\n");
       printA1(a,length);
       return 0;
}
```

3. 程序功能：输出图 2-17-4 所示图形。

输入：6

输出如图 2-17-4 所示。

<pre>
         1
        121
       12321
      1234321
     123454321
    12345654321
</pre>

图 2-17-4　输出图形

源程序：

```
#include <stdio.h>
int main()
{
       int n,k;
       printf("请输入行数: ");
       scanf("%d",n);
       for(i=1;i<n;i++)
       {
           for(k=n;k>i;k--) printf(" ");        //打印空格
           for(j=1;j<=i;j++)printf("%d",j);      //打印左半部分
           for(j=i-1;j>=1;j++)printf("%d",j);    //打印右半部分
           printf(" ");
       }
    return 0;
}
```

三、程序填空（根据程序功能，将空白处补充完整）

1. 程序功能：求自然数 $e=1+1/1!+1/2!+1/3!+\cdots+1/n!$。（当 $1/n!<10^{-7}$ 为止）

运行结果如图 2-17-5 所示。

```
1!+2!+...+10!=          2.7182818
```

图 2-17-5　求 e 值

源程序：

```
#include <stdio.h>
#include <math.h>
_____
int main()
{
  long n=1,a;
```

```
  ______________
  a=fac(n);
  while(____________)
  {
     sum+=1.0/a;
     n++;
     ____________
  }
  printf("1!+2!+...+%ld!=%15.7lf\n",n-1,sum);
  return 0;
}
long fac(int m )
{
   static long p=1;
   p*=m;
   __________
}
```

2. 程序功能：利用二分法实现数组查找，在一组数据中找到用户输入值。运行结果如图 2-17-6 所示。

```
Input data?20
两种算法等价,20    是数组第10个元素
```

图 2-17-6 数组查找

源程序：

```
#include <stdio.h>
//递归算法
int recurbinary(int *a, int key, int low, int high)
{
   int mid;
   if(________)
      return -1;
   mid=(low+high)/2;
   if(a[mid]==key) return mid;
   else if(a[mid]>key)
       return recurbinary(a,key,low,mid-1);
   else
       return______________;
}
int binary( int *a,int key,int n ) //非递归算法
{
   int left=0, right=n-1, mid=0;
   mid=(left+right) / 2;
   while(____________ )
   {
      if(a[mid]<key) {
        ____________________
      } else if(a[mid]>key) {
         right=mid-1;
```

```
        }
        mid=(left+right)/2;
    }
    if(a[mid]==key )
        return mid;
    return -1;
}
int main()
{
    int a[10]={2,4,6,8,10,12,14,16,18,20},t,k,f;
    printf("\n\tInput data?");
    scanf("%d",&t);
    k=    (5)        ;
    f=binary(a,t,10);  //非递归算法
    if(k==-1){
        printf("不存在此数\n");
    }else if(k==f){
        printf("两种算法等价,");
        printf("%-5d是数组第%d个元素\n",t,k+1);
    }
    return 0;
}
```

四、设计题

1. 编程实现智能识别植物功能。

编程实现通过键盘输入植物的 3 个特征值（整数），能识别并输出其对应的植物名称。如果特征值不在文件内，则输出"该植物不可识别"。编写自定义函数 general_flower()、read_file()（函数的说明见表 2-17-1），并用主函数调用实现功能。

表 2-17-1　函数表

函 数 原 型	参 数 含 义	函 数 功 能	返 回 值
int general_flower(float x,float y,float z)	x、y、z 3 个参数是植物的 3 个特征值	将 3 个特征值与指定数据文件数据相比较，在数据文件中找到对应的特征值则返回特征值在数据文件中的记录号，反之返回-1	返回值为-1 则表示尚未找到 返回值为非-1 的整数则是特征值对应的记录号
void read_file(int record_no)	record_no 是数据文件中的记录号	输出记录号对应的植物名称	无返回值

数据文件格式（数据文件名为 data.txt）如表 2-17-2 所示。

表 2-17-2　数据文件格式

记录号	特征值 1	特征值 2	特征值 3	植物名称
1	4	5	6	红玫瑰

输入数据：4 5 6

输出：红玫瑰

2. 实现数据整理功能。

在 DATA.txt 数据文件中有部分重复数据，编程实现删除其中的重复数据，并输出。

清理后的数据输出：

23 45 67 78 56 66 89 90

原始数据：

23

45

67

23

78

45

56

66

89

90

第三部分

基本算法与应用

一、基本算法

要使计算机能完成人们预定的工作，首先必须为其设计一个算法，然后再根据算法编写程序。计算机程序要对问题的每个对象和处理规则给出正确详尽的描述，其中程序的数据结构和变量用来描述问题的对象，程序结构、函数和语句用来描述问题的算法。算法数据结构是程序的两个重要方面。

算法是问题求解过程的精确描述，一个算法由有限条可完全机械地执行的、有确定结果的指令组成。指令正确地描述了要完成的任务和它们被执行的顺序。计算机按算法指令所描述的顺序执行算法的指令能在有限的步骤内终止，或终止于给出问题的解，或终止于指出问题对此输入数据无解。

通常求解一个问题可能会有多种算法可供选择，选择的主要标准是算法的正确性和可靠性、简单性和易理解性。其次是算法所需要的存储空间少和执行更快等。

经常采用的算法设计技术主要有迭代法、穷举搜索法、递推法、递归法、贪婪法、动态规划法等。

1. 枚举法

有一类问题可以采用一种盲目的搜索方法，在搜索结果的过程中，把各种可能的情况都考虑到，并对所得结果逐一进行判断，过滤掉那些不符合要求的，保留那些符合要求的，这种方法称为枚举法。但是，并不是所有的问题都可以使用枚举算法来求解，只有当问题的所有可能解的个数不太多，并在可以接受的时间内得到问题的所有解时，才有可能使用枚举法。

枚举法的解题过程通常分两步：

（1）逐一列举可能的解的范围，这个过程可以用循环结构实现。

（2）对每一个可能的解进行检验，判断其是否为真正的解，这个过程可以用选择结构实现。

例 3-1-1 包装问题。

问题描述：假设有 600 个变形金刚需要包装后快递寄出。包装的规格为：大盒（8 个）、中盒（5 个）、小盒（2 个），每种规格的盒都不能为空。请设计一个算法，输出所有可能的包装方案。

问题分析：设大、中、小盒的个数分别为 x、y、z，则应该满足以下条件。

（1）$8*x+5*y+2*z=600$。

（2）大盒的个数 x：1~74（大盒的个数不会超过 74 个）。

（3）中盒的个数 y：1~118（中盒的个数不会超过 118 个）。

（4）小盒的个数 z：$(600-8*x-5*y)/2$。

据此，可以构造一个双重循环，循环变量分别为 x（大盒数量）和 y（中盒数量）。判断 $z=(600-8*x-5*y)/2$ 是否是整数，若是，则 x、y、z 就是一种可选的包装方案。

根据以上分析，可以画出问题解决的流程图，如图 3-1-1 所示。

2. 迭代法

迭代法也称辗转法，是用计算机解决问题的一种基本方法，是一种不断用变量的旧值递推新值的过程，它利用计算机运算速度快、适合做重复性操作的特点，让计算机对一组指令（或一定步骤）进行重复执行，在每次执行这组指令（或这些步骤）时，都从变量的原值推出它的一个新值。迭代法可细分为精确迭代和近似迭代，如"二分法"和"牛顿迭代法"都属于典型的迭代算法。

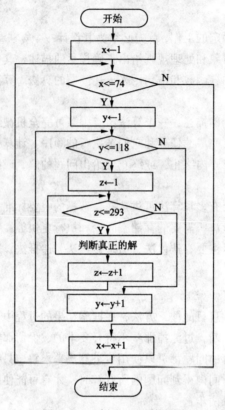

图 3-1-1　例 3-1-1 流程图

例 3-1-2　用迭代法求正数 a 的算术平方根。

问题分析：已知求 a 的算术平方根的迭代公式为

$$xn = 0.5*(xn-1+a/xn-1)$$

迭代步骤：

（1）确定 a 的平方根的初值 x0。例如，x0=0.5*a，并代入迭代公式计算，所得的 x1 是 a 的平方根的首次近似值。它可能与 a 的平方根有很大误差，需要修正。

（2）把 x1 作为 x0，再代入迭代公式计算，得到一个新的 x1，此次的 x1 比上次的 x1（即本次的 x0）更接近 a 的平方根。

（3）当|x1-x0|>= ε 时，表示近似值的精度不够，转步骤（2）继续迭代。其中 ε 是一个很小的正数（程序中用 eps 表示），用来控制误差，ε 越小，误差越小，但迭代次数也越多。当|x1-x0|< ε 时，表示 x1 就是 a 的平方根。

例 3-1-2 源程序：

```
#include "math.h"
int main()
{
    double x0, x1, a, eps=1.e-5;
    do
    {
```

```
        printf ("Please input a number(>=0):");
        scanf ("%lf", &a);
    } while(a<0);
    x0=a/2;
    x1=0.5*(x0+a/x0);
    while(fabs(x1-x0)>=eps)
    {
        x0=x1;
        x1=0.5*(x0+a/x0);
    }
    printf("sqrt(%f)=%f\n",a,x1);
}
```

具体使用迭代法求根时应注意以下两种可能发生的情况：

（1）如果方程无解，算法求出的近似根序列就不会收敛，迭代过程会变成死循环，因此在使用迭代算法前应先考察方程是否有解，并在程序中对迭代的次数给予限制。

（2）方程虽然有解，但迭代公式选择不当，或迭代的初始近似根选择不合理，也会导致迭代失败。

3. 穷举搜索法

穷举搜索法是对可能是解的众多候选解按某种顺序进行逐一枚举和检验，并从众找出那些符合要求的候选解作为问题的解。

例 3-1-3 背包问题。

问题描述：

有不同价值、不同质量的物品 n 件，求从这 n 件物品中选取一部分物品的选择方案，使选中物品的总质量不超过指定的限制质量，且选中物品的价值之和最大。

设 n 个物品的质量和价值分别存储于数组 w[ ]和 v[ ]中，限制质量为 tw。考虑一个 n 元组（x0，x1，…，xn-1），其中 xi=0 表示第 i 个物品没有选取，而 xi=1 表示第 i 个物品被选取。显然这个 n 元组等价于一种选择方案。

根据上述方法，只要枚举所有的 n 元组，就可以得到问题的解。显然，每个分量取值为 0 或 1 的 n 元组的个数共为 2n 个，而每个 n 元组可以看作对应了一个长度为 n 的二进制数，且这些二进制数的取值范围为 0 ~ 2n-1。因此，如果把 0 ~ 2n-1 分别转化为相应的二进制数，则可以得到所需要的 2n 个 n 元组。根据上述分析，算法可描述如下：

```
maxv=0;
for(i=0;i<2n;i++)
{   B[0..n-1]=0;
    把 i 转化为二进制数，存储于数组 B 中；
    temp_w=0;
    temp_v=0;
    for(j=0;j<n;j++)
      {    if(B[j]==1)
        {    temp_w=temp_w+w[j];
          temp_v=temp_v+v[j];
        }
       if((temp_w<=tw)&&(temp_v>maxv))
       {    maxv=temp_v;
```

```
        保存该 B 数组;
        }
    }
}
```

4. 递推法

递推法是利用问题本身所具有的递推关系求解问题的一种方法。设要求问题规模为 N 的解，当 N=1 时，解或为已知，或能非常方便地得到解。能采用递推法构造算法的问题有重要的递推性质，即当得到问题规模为 i-1 的解后，由问题的递推性质，能从已求得的规模为 1, 2, …, i-1 的一系列解，构造出问题规模为 i 的解。这样，程序可从 i=0 或 i=1 出发，由已知至 i-1 规模的解，通过递推，获得规模为 i 的解，直至得到规模为 N 的解。

例 3-1-4　计算下列式子前 20 项的和：

$$1+1/2+2/3+3/5+5/8+8/13+…$$

问题分析：此问题中后项的分子是前项的分母，后项的分母是前项分子分母之和。据此，编写解决问题的源程序如下：

例 3-1-4　源程序
```c
#include <stdio.h>
int main()
{
float s,fz,fm,t,fz1;
int i;
    s=1;                      /*先将第一项的值赋给累加器 s*/
    fz=1;fm=2;
    t=fz/fm;                  /*将待加的第二项存入 t 中*/
    for(i=2;i<=20;i++)
 {
    s=s+t;
        /*以下求下一项的分子分母*/
        fz1=fz;               /*将前项分子值保存到 fz1 中*/
        fz=fm;                /*后项分子等于前项分母*/
        fm=fz1+fm;            /*后项分母等于前项分子、分母之和*/
        t=fz/fm;
}
    printf("1+1/2+2/3+...=%f\n",s);
    }
```

5. 递归

递归是设计和描述算法的一种有力工具，由于它在复杂算法的描述中被经常采用，为此在进一步介绍其他算法设计方法之前进行讨论。

能采用递归描述的算法通常有如下特征：为求解规模为 n 的问题，可以设法将它分解成规模较小的问题，然后从这些小问题的解方便地构造出大问题的解，并且这些规模较小的问题也能采用同样的分解和综合方法，分解成规模更小的问题，并从这些更小问题的解构造出规模较大问题的解。特别地，当规模 n=1 时，能直接得解。

例 3-1-5　有一数列 $f(1)=1$, $f(2)=4$, $f(n)=3*f(n-1)-f(n-2)$, $n>2$，求 $f(n)$ 项的值。n 由键盘输入。

问题分析：数列中的各项可以看成数学中的函数值，则这个函数可以表示成

$$f(n) = \begin{cases} 1 & n=1 \\ 4 & n=2 \\ 3*f(n-1)-f(n-2) & n>2 \end{cases}$$

可以看出，要想求 f(n)，必须先求 f(n-1) 和 f(n-2)。现在定义 f() 函数，根据 f(n-1) 的值和 f(n-2) 的值来求 f(n) 的函数，在求 f(n) 的函数中调用 f() 函数本身来求 f(n-1) 和 f(n-2) 的值，这样就形成了递归调用。

f() 函数有 1 个参数 n，其数据类型为整型。返回值设定为长整型，以免结果溢出。

源程序：

```
long f(int n)
{
    if(n<1)
    {
    printf("error!");
    return 0;
    }
else
    if(n==1)
    return 1;
else
    if(n==2)
    return 4;
else                      /* n>2 时，f(n) 的值为 3*f(n-1)-f(n-2) */
    return 3*f(n-1)-f(n-2);  /*调用函数本身求 f(n-1) 和 f(n-2) 的值，形成递归调用*/
}
int main()
{
    int a;
    clrscr();
    printf("\nInput a: ");
    scanf("%d",&a);
    printf("%ld\n",f(a));
    return 0;
}
```

上面程序中有两个函数，一个是 main() 函数，一个是自定义函数 f()。下面以这个程序为例说明递归程序的执行过程。

当输入 4 时程序的执行过程如下：

（1）程序开始运行，开始执行 main() 函数，读入数据 4，并调用 f(4)，记为 f1。

（2）为 f1 分配内存空间，n 接受值为 4，执行函数，直到 return 3*f(3)-f(2)；f1 停止。

（3）调用 f() 函数求 f(3)，记为 f11，求 f(2)；记为 f12，这里递归调用分为两支：

① 调用 f11 求 f(3)，为 f11 函数分配新内存空间（上一次调用的为 f1 分配的内存还在内存中，每次调用时新分配内存，而不是使用已经存在的），n 接受值为 3，执行函数，执行到 return 3*f(2)-f(1)；f11 停止。此时函数调用又分两支：

A．求 f(2)，记为 f111，分配新空间，执行，函数返回 f(2) 为 4。f111 完成，并退出内存。

B．求 f(1)，记为 f112，分配新空间，执行，函数返回 f(1) 为 1。f112 完成，并退出内存。

当两个分支都有返回值时，f11 被激活继续运行返回 3*f(2)-f(1)，即返回 11，f11 完成，并退出内存。

② 调用 f12 求 f(2)，为 f12 函数分配新内存空间，n 接受值为 2，执行函数，返回 4，f12 完成，并退出内存。

当分支 A 和分支 B 都有返回值时，f1 被激活继续运行返回 3*f(3)-f(2)，即返回 29 给 main()函数，f1 完成，并退出内存。递归结束。

（4）main()函数接受返回值并输出，程序结束。

由上面程序的运行过程可见，函数递归调用的过程可以分为递归过程和回溯过程两个阶段，如图 3-1-2 所示。

（1）递归过程：将原始问题不断地转化为规模更小的多个（可以是多个也可以是一个）相同问题的过程，即程序不断地分支处理问题的过程。

（2）回溯过程：问题已经最小化，并为已知条件，从多个小问题向要解决的大问题不断合并的过程。

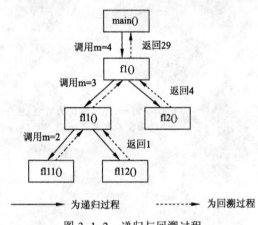

图 3-1-2　递归与回溯过程

在编写递归函数时要注意，函数中的局部变量和参数知识局限于当前调用层，当递推进入"简单问题"层时，原来层次上的参数和局部变量便被隐蔽起来。在一系列"简单问题"层各有自己的参数和局部变量。

由于递归引起一系列的函数调用，并且可能会有一系列的重复计算，递归算法的执行效率相对较低。当某个递归算法能较方便地转换成递推算法时，也可以按递推算法编写程序。

6. 分治法

任何一个可以用计算机求解的问题所需的计算时间都与其规模有关。对于一个规模为 n 的问题，若该问题可以容易地解决（比如说规模 n 较小）则直接解决，否则将其分解为 k 个规模较小的子问题，这些子问题互相独立且与原问题形式相同，递归地解这些子问题，然后将各子问题的解合并得到原问题的解。这种算法设计策略称为分治法。

分治法所能解决的问题一般具有以下特征：

（1）该问题的规模缩小到一定的程度就可以容易地解决。

（2）该问题可以分解为若干规模较小的相同问题，即该问题具有最优子结构性质。

（3）利用该问题分解出的子问题的解可以合并为该问题的解。

（4）该问题所分解出的各个子问题是相互独立的，即子问题之间不包含公共的子问题。

它的一般的算法设计模式可以描述如下：

```
Divide-and-Conquer(P)
if |P|≤n0
  then 返回问题解
 将 P 分解为较小的子问题 P1 ,P2 ,...,Pk
 for i←1 to k
    do yi ← Divide-and-Conquer(Pi)        #递归解决 Pi
T ← MERGE(y1,y2,...,yk)                    #合并子问题
 return(T)
```

可以看出，分治法在每一层递归上都有三个步骤：

（1）分解：将原问题分解为若干规模较小、相互独立，与原问题形式相同的子问题。

（2）解决：若子问题规模较小而容易被解决则直接求解，否则递归求解各个子问题。

（3）合并：将各个子问题的解合并为原问题的解。

例 3-1-6　利用二分查找法查找某一个数值。

问题分析：在对线性表的操作中，经常需要查找某一个元素在线性表中的位置。此问题的输入是待查元素 x 和线性表 L，输出为 x 在 L 中的位置或者 x 不在 L 中的信息。

比较自然的想法是一个一个地扫描 L 的所有元素，直到找到 x 为止。这种方法对于有 n 个元素的线性表在最坏情况下需要 n 次比较。一般来说，如果没有其他附加信息，在有 n 个元素的线性表中查找一个元素在最坏情况下都需要 n 次比较。

可以对上述方法进一步优化，考虑一种简单的情况，假设该线性表已经排好序了，不妨设它按照主键的递增顺序排列（即由小到大排列）。

如果线性表里只有一个元素，则只要比较这个元素和 x 就可以确定 x 是否在线性表中，因此这个问题满足分治法的第一个适用条件；同时注意到对于排好序的线性表 L 有以下性质：

比较 x 和 L 中任意一个元素 L[i]：

（1）如果 x=L[i]，则 x 在 L 中的位置就是 i；

（2）如果 x<L[i]，由于 L 是递增排序的，因此假如 x 在 L 中，则 x 必然排在 L[i] 的前面，所以只要在 L[i] 的前面查找 x 即可。

（3）如果 x>L[i]，则只要在 L[i] 的后面查找 x 即可。

无论是在 L[i] 的前面还是后面查找 x，其方法都和在 L 中查找 x 一样，只不过是线性表的规模缩小了。这就说明了此问题满足分治法的第二个和第三个适用条件。很显然此问题分解出的子问题相互独立，即在 L[i] 的前面或后面查找 x 是独立的子问题，因此满足分治法的第四个适用条件。

基于以上分析，利用分治法在有序表中查找元素的算法可描述如下：

```
int search(int aim,int data[],int size){
int det=-1;
int left=0;
int right=size-1;
while(left<=right)
{
    int mid=(left+right)/2;
    if(data[mid]<aim)
```

```
            {
                left=mid+1;
            }
            else if(data[mid]>aim)
            {
                right=mid-1;
            }else{
                det=mid;
                break;
            }
        }
    return det;
}
```

7. 贪婪法

贪婪法是一种不追求最优解，只希望得到较为满意解的方法。贪婪法一般可以快速得到满意的解，因为它省去了为找最优解要穷尽所有可能而必须耗费的大量时间。贪婪法常以当前情况为基础作最优选择，而不考虑各种可能的整体情况，所以贪婪法不需要回溯。

例如平时购物找钱时，为使找回的零钱的硬币数最少，不考虑找零钱的所有方案，而是从最大面值的币种开始，按递减的顺序考虑各币种，先尽量用大面值的币种，当不足大面值币种的金额时才去考虑下一种较小面值的币种。这就是在使用贪婪法。这种方法在这里总是最优，是因为银行对其发行的硬币种类和硬币面值的巧妙安排。如只有面值分别为 1、5 和 11 单位的硬币，而希望找回总额为 15 单位的硬币。按贪婪算法，应找 1 个 11 单位面值的硬币和 4 个 1 单位面值的硬币，共找回 5 个硬币。但最优解应是 3 个 5 单位面值的硬币。

例 3-1-7 马的遍历。

问题描述：在 8×8 方格的棋盘上，从任意指定的方格出发，为马寻找一条走遍棋盘每一格且只经过一次的一条路径。

问题分析：马在某个方格，可以在一步内到达的不同位置最多有 8 个，如图 3-1-3 所示。假设用二维数组 board[ ][ ]表示棋盘，其元素记录马经过该位置时的步骤号。另对马的 8 种可能走法设定一个顺序，如当前位置在棋盘的(i,j)方格，下一个可能的位置依次为(i+2,j+1)、(i+1,j+2)、(i-1,j+2)、(i-2,j+1)、(i-2,j-1)、(i-1,j-2)、(i+1,j-2)、(i+2,j-1)，实际可以走的位置仅限于还未走过的和不越出边界的那些位置。为便于程序的统一处理，可以引入两个数组，分别存储各种可能走法对当前位置的纵横增量。

	4	3	
5			2
	马		
6			1
	7	0	

图 3-1-3   遍历图

本问题采用的策略求解方法就是一种贪婪法，其选择下一出口的贪婪标准是在那些允许走的位置中，选择出口最少的那个位置。如马的当前位置(i,j)只有三个出口，分别是位置(i+2,j+1)、(i-2,j+1)和(i-1,j-2)，这三个位置又分别有不同的出口，假定这三个位置的出口个数分别为 4、2、

3，则程序就选择让马走向(i-2,j+1)位置。

由于程序采用的是贪婪法，整个找解过程是一直向前，没有回溯，所以能非常快地找到解。但是，对于某些开始位置，实际上有解，而该算法却不能找到。对于找不到解的情况，程序只要改变 8 种可能出口的选择顺序，就能找到解。改变出口选择顺序，就是改变有相同出口时的选择标准。

以下程序考虑到这种情况，引入变量 start，用于控制 8 种可能着法的选择顺序。开始时为 0，当不能找到解时，就让 start 增 1，重新找解。

例 3-1-7 源程序：

```c
#include<stdio.h>
int delta_i[ ]={2,1,-1,-2,-2,-1,1,2};
int delta_j[ ]={1,2,2,1,-1,-2,-2,-1};
int board[8][8];
int exitn(int i,int j,int s,int a[ ])
{   int i1,j1,k,count;
    for(count=k=0;k<8;k++)
    {   i1=i+delta_i[(s+k)%8];
        j1=i+delta_j[(s+k)%8];
        if(i1>=0&&i1<8&&j1>=0&&j1<8&&board[I1][j1]==0)
            a[count++]=(s+k)%8;
    }
    return count;
}

int next(int i,int j,int s)
{   int m,k,mm,min,a[8],b[8],temp;
    m=exitn(i,j,s,a);
    if(m==0)        return -1;
    for(min=9,k=0;k<m;k++)
    {   temp=exitn(I+delta_i[a[k]],j+delta_j[a[k]],s,b);
        if(temp<min)
        {   min=temp;
            kk=a[k];
        }
    }
    return  kk;
}

void main()
{   int sx,sy,i,j,step,no,start;
    for(sx=0;sx<8;sx++)
    for(sy=0;sy<8;sy++)
    {   start=0;
        do {
            for(i=0;i<8;i++)
                for (j=0;j<8;j++)
                    board[i][j]=0;
            board[sx][sy]=1;
            i=sx; j=sy;
```

```
         for(step=2;step<64;step++)
         { if((no=next(i,j,start))==-1)  break;
             i+=delta_i[no];
             j+=delta_j[no];
             board[i][j]=step;
         }
         if(step>64)   break;
         start++;
    } while(step<=64)
    for(i=0;i<8;i++)
    { for(j=0;j<8;j++)
             printf("%4d",board[i][j]);
         printf("\n\n");
    }
    scanf("%*c");
    }
}
```

8. 动态规划法

经常会遇到复杂问题不能简单地分解成几个子问题，而会分解出一系列的子问题。若简单地采用把大问题分解成子问题，并综合子问题的解导出大问题的解的方法，则问题求解时间会按问题规模呈幂级数增加。

为了节约重复求相同子问题的时间，引入一个数组，不管它们是否对最终解有用，把所有子问题的解存于该数组中，这就是动态规划法所采用的基本方法。以下先用实例说明动态规划方法的使用。

例 3-1-8　给出一个序列 a1,a2,a3,a4,a5,a6,a7,…,an，求它的一个子序列（设为 s1,s2,…,sn），使得这个子序列满足 s1<s2<s3<…<sN，且这个子序列的长度最长。例如：输入 1 7 3 5 9 4 8，输出 1 3 5 9，长度为 4。

此问题的核心算法是求出最长上升子序列，方法可描述如下：

```
b[1]=1;
pre[1]=0;
    for(i=2; i<=n; i++)
    {
        max=0;
        for(j=i-1; j>=1; j--)
        { if(a[j]<a[i]&&b[j]>max)
            { max=b[j];pre[i]=j; }
        }
        b[i]=max+1;
    }
```

可以看出，动态规划的基本步骤包括：

（1）找出最优解的性质，并刻画其结构特征。

（2）递归地定义最优值。

（3）以自底向上的方式计算出最优值。

（4）根据计算最优值时得到的信息，构造最优解。

在动态规划中，可将一个问题的解决方案视为一系列决策的结果，通常应用于最优化问题，即做出一组选择以达到一个最优解，其关键是存储子问题的每一个解，以备它重复出现。

9. 字符串匹配算法

字符串匹配是计算机科学中研究最广泛的问题之一。字符串的模式匹配主要用于文本处理，例如文本编辑，文本数据的存储（文本压缩）和数据检索系统。一个字符串是一个定义在有限字母表Σ上的字符序列。例如，ATCTAGAGA 是字母表Σ={A,C,G,T}上的一个字符串。字符串匹配问题就是在一个大的字符串 T 中搜索某个字符串 P 的所有出现位置。其中，T 称为文本，P 称为模式，T 和 P 都定义在同一个字母表Σ上。

判断字符串是否匹配的算法有很多，以下仅举两例来说明。

（1）普通的模式匹配（BF 算法）

BF（Brute Force）算法又称蛮力搜索算法，是一种非常简单、易理解的方法。其算法思想是首先将匹配串和模式串左对齐，然后从左向右依次判断相同位置的字符是否相等，如果全部相等，则匹配成功；如果不成功则模式串向右移动一个单位，继续按对应位置的字符进行比较。显然这种方法的执行速度比较慢。

BF 算法实现代码如下：

```
#include <stdio.h>
#include <string.h>
int sel(char *s,char *t){
    int i=0,j=0;
    while(i<strlen(s) && j<strlen(t)) {
        if(s[i]==t[j]) {
            i++;
            j++;
        }else{
            i=i-j+1;
            j=0;
        }
    }
    //跳出循环有两种可能，i=strlen(S)说明已经遍历完主串；j=strlen(T),说明模式串遍历完
成，在主串中成功匹配
    if(j==strlen(t)) {
        return i-strlen(t)+1;
    }
    //运行到此，为 i==strlen(S)的情况
    return 0;
}
int main() {
    int add=sel("ababcabcacbab", "abca");
    printf("%d",add);
    return 0;
}
```

BF 算法的优点是思想简单、直接，无须对字符串进行预处理。但其缺点也是显而易见的：每次字符不匹配时都要回溯到开始位置，时间开销大。

（2）KMP 算法。

KMP 算法是一种改进的字符串匹配算法，由 D.E.Knuth、J.H.Morris 和 V.R.Pratt 同时发现，因

此人们称它为克努特-莫里斯-普拉特操作（简称 KMP 算法）。KMP 算法的关键是利用匹配失败后的信息，尽量减少模式串与主串的匹配次数以达到快速匹配的目的。具体实现就是实现一个 next() 函数，函数本身包含了模式串的局部匹配信息。

KMP 算法实现代码如下：

```
#include <stdio.h>
#include <string.h>
void Next(char*t,int *next){
    int i=1;
    next[1]=0;
    int j=0;
    while(i<strlen(t)) {
        if(j==0||t[i-1]==t[j-1]) {
            i++;
            j++;
            next[i]=j;
        }else{
            j=next[j];
        }
    }
}
int KMP(char * s,char * t){
    int next[10];
    Next(t,next);//根据模式串 T,初始化 next 数组
    int i=1;
    int j=1;
    while(i<=strlen(s)&&j<=strlen(t)) {
        //j==0:代表模式串的第一个字符就和当前测试的字符不相等;S[i-1]==T[j-1],如果对应
    位置字符相等，两种情况下，指向当前测试的两个指针下标 i 和 j 都向后移
        if(j==0 || s[i-1]==t[j-1]) {
            i++;
            j++;
        }
        else{
            j=next[j];//如果测试的两个字符不相等，i 不动，j 变为当前测试字符串的 next 值
        }
    }
    if(j>strlen(t)) {//如果条件为真，说明匹配成功
        return i-(int)strlen(t);
    }
    return -1;
}
int main() {
    int i=KMP("ababcabcacbab","abc");
    printf("%d",i);
    return 0;
}
```

KMP 算法可以认为是利用空间换取时间，执行速度快，由于无须回溯访问待匹配的字符串，因而对处理从外设输入的大文件很有效，可以边读入边匹配。

二、程序研发流程

1. 需求分析

应用程序研发中包含需求、设计、编码和测试四个阶段，其中需求是研发第一个也是很重要的一个阶段，需求分析是要决定"做什么，不做什么"。

在一个项目中，需求包括三个不同的层次：业务需求、用户需求和功能需求，也需要考虑非功能需求。业务需求说明了提供给客户和产品开发商的新系统的最初利益，反映了组织机构或客户对系统、产品高层次的目标要求。

需求分析影响项目开发成败，需求分析能力和水平对项目至关重要。

一般的分析方法和步骤如下：

（1）调查组织机构情况，包括了解该组织的部门组成情况，各部门的职能等，为分析信息流程做准备。

（2）调查各部门的业务活动情况，包括了解各个部门输入和使用什么数据，如何加工处理这些数据，输出什么信息，输出到什么部门，输出结果的格式是什么。

（3）协助用户明确对新系统的各种要求，包括信息要求、处理要求、完全性与完整性要求。

（4）确定新系统的边界，包括确定哪些功能由计算机完成或将来准备让计算机完成，哪些活动由人工完成。由计算机完成的功能就是新系统应该实现的功能。

常用的调查方法有：

（1）跟班作业：通过亲身参加业务工作来了解业务活动的情况。这种方法可以比较准确地理解用户的需求，但比较耗费时间。

（2）开调查会：通过与用户座谈来了解业务活动情况及用户需求。座谈时，参加者之间可以相互启发。

（3）请专人介绍。

（4）询问：对某些调查中的问题，可以找专人询问。

（5）设计调查表请用户填写：如果调查表设计得合理，这种方法是很有效，也很易于为用户接受的。

（6）查阅记录：即查阅与原系统有关的数据记录，包括原始单据、账簿、报表等。

通过调查了解了用户需求后，还需要进一步分析和表达用户的需求。分析和表达用户需求的方法主要包括自顶向下和自底向上两类方法。

在上述需求分析的基础上形成文字资料，即需求分析报告，需求分析报告包括：

（1）业务需求描述：反映了组织机构或客户对系统、产品高层次的目标要求，通常在项目定义与范围文档中予以说明。

（2）用户需求描述：描述了用户使用产品必须要完成的任务，这在使用实例或方案脚本中予以说明。

（3）功能需求描述：定义了开发人员必须实现的软件功能，使用户利用系统能够完成他们的任务，从而满足业务需求。

（4）非功能性的需求描述：描述了系统展现给用户的行为和执行的操作等，它包括产品必须遵从的标准、规范和约束，操作界面的具体细节和构造上的限制。

（5）需求分析总结：说明的功能需求充分描述了软件系统所应具有的外部行为。需求分析报告在开发、测试、质量保证、项目管理以及相关项目功能中起着重要作用。

需求分析报告详细设计包括内容：

（1）模块说明。说明该模块需要实现什么功能，以及设计要点。

（2）流程逻辑。用流程图说明该模块的处理过程。

（3）算法。不一定有，如果涉及一些比较特殊的算法或关键模块，可以用伪代码或用流程图说明。

（4）限制条件。该模块的功能有哪些限制，比如用户 ID 不能重复、只能查询自己权限范围内的用户。

（5）输入项。每个子模块可以看作一个"方法"。比如删除用户，输入项就是用户 ID。

（6）输出项。删除用户的输出项，即不能在查询模块里查询到已删除的用户。

（7）界面设计。用 Visio 或者其他工具画一些界面图

（8）需要操作的数据表。

2．设计

设计阶段提供对整个设计文档的概述。描述了所有数据、结构、接口和软件构件级别的设计。

设计文档包括：

（1）目标和对象：描述软件对象的所有目标（软件描述中包括主要输入的数据、过程功能、输出的信息与格式描述，不考虑详细细节；软件被认为商业或者产品线中的产品，描述讨论相关的战略问题。目的是让读者能够体验软件"宏图"）。

（2）主要系统参数：任何商务软件或者产品线都包含软件规定、设计、实现和测试的说明和规范。

（3）数据设计：描述所有数据结构包括内部变量，全局变量和临时数据结构。包括：内部软件数据结构（描述软件内部的构件之间的数据传输的结构）、全局数据结构（描述主要部分的数据结构）、临时数据结构（为临时应用而生成的文件的描述）。

（4）结构化和构件级别设计：描述程序结构，包括内部、外部函数，函数参数、返回值。

（5）软件接口：机器对外接口、系统对外接口、与人的接口。

（6）约束、限制和系统参数：会影响软件的规格说明、设计和实现的特殊事件。

3．编码

根据设计文档编写代码。

4．测试

测试是为了发现程序中的问题。软件测试的过程也是程序运行的过程，程序运行需要数据，为测试设计的数据称测试用例，设计测试用例的原则自然是尽可能暴露错误。

（1）将各个功能模块中的内容进行测试，称为功能测试。

（2）异常情况测试，对接口正确性测试。

（3）数据正确性验证，程序可靠性、安全性测试。

（4）在测试功能接口数据的同时进行运行时间的测试，测试存取数据的时间。

三、实践项目

1．模拟手机的日历功能

设计要求：

（1）用户可以设置当天的日期和时间。

（2）输入一个年份，输出是在屏幕上显示该年的日历。假定输入的年份在1940~2040之间。

（3）输入年、月，输出该月的日历。

（4）输入年、月、日，输出星期几，是否是公历节日。

（5）设置要事提示功能。

（6）输出一周工作安排表。

2．数学试卷生成系统

随机选择两个整数和加减法形成算式要求学生解答。

功能要求：

（1）随机出 n 道题，每题 n 分，程序结束时显示学生得分。

（2）确保算式没有超出某一整数范围，例如：不允许两数之和或之差超出 0~50 的范围。

（3）每道题学生有三次机会输入答案，当学生输入错误答案时，提醒学生重新输入。

（4）对于每道题，学生第一次输入正确答案得满分，第二次输入正确答案 0.7*本题分值，第三次输入正确答案得 0.5*本题分值。

（5）总成绩 90 以上显示"SMART"，80~90 分显示"GOOD"，70~80 分显示"OK"，60~70 分显示"PASS"，60 分以下"TRY AGAIN"。

（6）显示学生已经完成的试卷的标准答案。

3．教工运动会比赛计分系统

初始化输入：N—参赛学院或部门总数，M—男子竞赛项目数，W—女子竞赛项目数。

各项目名次取法有如下几种：

取前 5 名：第一名得分 7 分，第二名得分 5，第三名得分 3，第四名得分 2，第五名得分 1；取前 3 名：第一名得分 5，第二名得分 3，第三名得分 2。

功能要求：

（1）系统以菜单方式工作。

（2）由程序提醒用户填写比赛结果，输入各项目获奖运动员信息。

（3）所有信息记录完毕后，用户可以查询各学院或部门的比赛成绩

（4）查看参赛学院或部门信息和比赛项目信息等。

（5）统计各学院或部门参数人次。

4．模拟微信通讯录功能

设计一个实用的模拟微信通讯录功能程序，具有添加、查询和删除功能。由姓名、电话号码1、电话号码2、QQ 号组成。姓名可以由字符和数字混合编码。电话号码可由字符和数字组成。实现功能：

（1）信息输入分为单一输入和批量导入。

（2）智能查询（按群查询、按联系频率查询）。

（3）建群。

（4）退群。

（5）屏蔽联系人。

5. 模拟智能翻译软件的功能

设计一个实用的模拟智能翻译软件的功能程序，具有输入、识别和翻译功能。

（1）按专业进行任务分类。

（2）机器翻译（查单词，进行直接词译）。

（3）人工翻译（阅读原文，输入译文）将译文存入文件。

（4）半自动翻译（查原来的人工译文，将存在的语句直接翻译）。

（5）添加新的专业词库（批量输入，单一输入）。

（6）词库核对。

6. 矩阵计算器

设有两个矩阵 $A=(a_{ij})_{m \times n}$，$B=(b_{ij})_{p \times q}$ 计算器能实现矩阵的转置、求矩阵的和、求矩阵的积的运算。实现功能：

（1）实现矩阵输入，通过自定义函数完成矩阵的输入并返回保存矩阵的数组和对应矩阵的行数、列数。

（2）实现矩阵输出函数，通过自定义函数完成矩阵的输出。

（3）实现矩阵的转置，矩阵的转置 $A'=(a_{ji})_{n \times m}$，转置前输出原矩阵，转置后输出转置矩阵。

（4）实现矩阵 A、B 求和。矩阵 A 和 B 能够相加的条件是 m=p、n=q；矩阵 A 和 B 如果不能相加，应给出提示信息；若能够相加，则求和矩阵 C 并输出 C。

$C=A+B=(c_{ij})_{m \times n}$，其中 $c_{ij}=a_{ij}+b_{ij}$。

（5）实现矩阵 A、B 差值计算。矩阵 A 和 B 能够相减的条件是 m=p、n=q；矩阵 A 和 B 如果不能相减，请给出提示信息；若能够相减，则求差矩阵 C 并输出 C（$C=A-B=(c_{ij})_{m \times n}$，其中 $c_{ij}=a_{ij}-b_{ij}$）。

（6）实现矩阵 A、B 积运算。矩阵 A 和 B 能够相乘的条件是 p=n；矩阵 A 和 B 如果不能相乘，请给出提示信息；若能够相乘，则求积矩阵 D 并输出 D（$D=A \times B=(d_{ij})_{m \times q}$，其中 $d_{ij}=\sum a_{ik} \times b_{kj}$，$k=1,2,\cdots,n$）。

7. 助学 APP 市场调查数据分析

大学生创业需要有周密的创业计划，某创业团队打算用助学 APP 作为创业主打产品，在开发产品、制定价格、制定"市场营销策略"时，必须对市场、竞争者及未来趋势深刻的了解，培养对商机的灵敏嗅觉，正确响应市场需求。市场调查就是指运用科学的方法，有目的地、系统地搜集、记录、整理有关市场营销信息和资料，分析市场情况，了解市场现状及其发展趋势，为市场预测和营销决策提供客观的、正确的资料。

进行市场调查首先要明确市场调查的目标。按照不同需要，市场调查的目标有所不同，实施经营战略时，必须调查宏观市场环境的发展变化趋势，尤其要调查所处行业未来的发展状况。企业制度市场营销策略时，要调查市场需求状况、市场竞争状况、消费者购买行为和营销要素情况。

当企业在经营中遇到问题时，应针对存在的问题和问题产生的原因进行市场调查。

市场调查的内容涉及市场营销活动的整个过程，主要包括：

市场环境的调查（主要包括经济环境、政治环境、社会文化环境、科学环境和自然地理环境等。具体的调查内容可以是市场的购买力水平、经济结构、国家的方针、政策和法律法规、风俗习惯、科学发展动态、气候等各种影响市场营销的因素）。

市场需求调查（主要包括消费者需求量调查、消费者收入调查、消费结构调查、消费者行为调查，包括消费者为什么购买、购买什么、购买数量、购买频率、购买时间、购买方式、购买习惯、购买偏好和购买后的评价等）。

市场供给调查（主要包括产品生产能力调查、产品实体调查等。具体为某一产品市场可以提供的产品数量、质量、功能、型号、品牌等，以及生产供应企业的情况等）。

产品的调查（主要有了解市场上新产品开发的情况、设计的情况、消费者使用的情况、消费者的评价、产品生命周期阶段、产品的组合情况等）。

产品的价格调查（主要有了解消费者对价格的接受情况，对价格策略的反应等）。

渠道调查主要包括了解渠道的结构、中间商的情况、消费者对中间商的满意情况等。

促销活动调查主要包括各种促销活动的效果，如广告实施的效果、人员推销的效果、营业推广的效果和对外宣传的市场反应等）。

项目实现功能：

（1）根据上述描述设计各类调查问卷供用户选择。

（2）回收问卷将数据存入相应数据文件。

（3）对产品调查数据进行策略分析（用图形表示低端目标客户、高端目标客户、中端目标客户、非目标客户关系）。

（4）用数据表显示品牌分析结果。

（5）推广分析。

（6）价格分析。

8. 模拟自动售货机

人们便利的生活与自动售货机相关。走在街上、校园里，隔不远就可以看到饮料自动售货机。它会随着季节更换饮料，夏天都是冷饮，冬天有冷、热两种。其饮料种类繁多，有瓶装、罐装、杯装，有茶、可乐、咖啡牛奶等。

自动售货机根据制冷功能可以分为以下三类：

（1）冷藏型，该机型具有整体冷藏功能，温度在 3~7 ℃范围内可调，制冷系统可单独控制。可以同时售卖多种需冷藏的饮料、奶制品等。机器具有超大面积的双层真空带加热除霜功能的钢化玻璃，展示直观，顾客使用方便。

（2）普通型，该机型不带制冷系统，可选择任意的出货方式和支付方式组合使用。适合售卖各种无须冷藏的盒装、袋装包装商品。

（3）半制冷型，该机型下层为冷藏区，上层为普通区，实现普通机型与冷藏机型 1+1>2 的功能。

自动售货机的工作流程：

（1）用户将货币投入投币口，货币识别器对所投货币进行识别。

（2）控制器根据金额将商品可售卖信息通过选货按键指示灯提供给用户，由用户自主选择欲购买的商品。

（3）按下用户选择商品所对应的按键，控制器接收到按键所传递过来的信息，驱动相应部件，售出用户选择的商品到达取物口。

（4）如果还有足够的余额，则可继续购买。在 15 s 之内，自动售货机将自动找出零币或用户旋转退币旋钮，退出零币。

（5）从退币口取出零币完成此次交易。

自动售货机有不同的支付方式，通常有以下三种分类：

（1）IC 卡支付型，支持各种 IC 卡支付，包括银联卡、校园卡、城市一卡通等。根据数量可配置后台服务系统统一管理。

（2）手机支付型，支持手机以电话、发送短信、扫码支付等多种方式购买机器内商品，可选择扣费与不扣费两种方式，根据数量可配置后台服务系统，具有较强的流行趋势。

（3）钱币支付型，MDB 标准钱币系统支持纸币、硬币支付，支持硬币找零，具有较高的防伪能力和完善的防盗系统，是目前最为普通和方便的支付方式之一。用户可根据需要选择相关功能。

项目实现功能：

（1）输入日期和地理位置显示自动售货机制冷功能（冷藏、普通、半制冷，可以用不同颜色表示这 3 个状态）。

（2）支付方式确认。

（3）购买处理。

（4）输出日销售明细。

（5）输出日补货清单。

（6）输出区域自动售货机故障明细。

9. 智能花卉管理程序

植物成花是与植物整体生理密切联系的、相当复杂的生理过程。花发端是分生组织形成花原基之前所进行的一切反应及分生组织分化成可辨认的花原基的全过程，至少和四个方面的条件有关：

（1）植物通过幼年期，达到花熟状态。

（2）某些植物必经过合适的光周期诱导。

（3）某些植物必经一个时期的低温诱导（春化作用）。

（4）营养和其他条件。在自然条件下花器官的诱导主要受低温与光周期的影响，在生理上的反应就是春化作用和光周期现象。

智能花卉管理程序是根据植物成花条件进行控制和管理的，其功能为：

（1）建立花卉档案（品名、编号、年龄、生长量、营养水平）。

（2）光、温、水、肥条件的检测和数据汇总。

（3）自动补光控制。

（4）自动控温控制。

（5）自动补水。

（6）自动施肥。

（7）更新花卉档案。

10．模拟电梯控制系统

电梯是高层建筑的兴建而发展的一种垂直运输工具，电梯运行规则是：可到达每一层；

仿真开始时，电梯随机处于其符合运行规则的任意一层，为空梯。仿真开始后，有人（0 < N < 1000）在 M 分钟（0 < M < 10）内随机地到达该地上 1 层，开始乘梯活动。每位乘客乘坐电梯到达指定楼层后，随机停留 10~120 s 后，再随机地去往另一层，依此类推，当每人乘坐过 L 次（每人的 L 值不同，在产生乘客时随机地在 1~10 次之间确定）电梯后，第 L+1 次为下至底层并结束乘梯行为。到所有乘客结束乘梯行为时，本次仿真结束。

电梯运行的方向由先发出请求者决定，不允许后发出请求者改变电梯的当前运行方向，除非是未被请求的空梯。当某层有乘客按下乘梯电钮时，优先考虑离该层最近的、满足条件、能够最快到达目标层的电梯。不允许电梯超员。

模拟电梯控制系统实现的功能为：

（1）仿真启动（设置电梯容量、平均停留时间）。

（2）超员处理。

（3）超时处理。

（4）接收用户信号进行优化运行设计。

（5）特殊情况处理。

（6）报警处理。

（7）电梯工作日志。

11．××共享单车管理与服务

××共享单车是一个无桩共享单车出行平台，采用"无桩单车共享"模式，致力于解决城市出行问题。用户只需在微信公众号或 App 扫一扫车上的二维码或直接输入对应车牌号，即可获得解锁密码，解锁骑行。也可以共享自己的单车到××共享平台，获得所有××共享单车的终身免费使用权，以 1 换 N。

编程解决××共享单车的损坏情况和管理。程序功能为：

（1）××共享单车建立一车一档案（基本信息输入）。

（2）××共享单车每天登录（记录使用情况和问题）。

（3）××共享单车急救服务。

（4）××共享单车报废处理。

（5）××共享单车月报表。

12．校园卡管理系统

一张校园卡取代了以前的各种证件（包括学生证、借书证、出入证等）全部或部分功能，师生在学校各处出入、办事、活动和消费均只凭这校园卡便可进行，并与银行卡实现自助圈存，同时带动学校各单位、各部门信息化、规范化管理的进程。此种管理模式代替了传统的消费管理模式，使学校的管理更加高效、方便与安全。一卡通系统是数字化校园建设的重要组成部分，是为校园信息化提供信息采集的基础工程之一，具有学校管理决策支持系统的部分功能。

此系统实现的功能为：

（1）建卡（输入基本信息，生成 1 人 1 卡）。①（1-1）输入方式：数据文件批量导入；②

（1-2）人工逐个输入。

（2）充值。

（3）退卡。

（4）综合消费类、身份识别类。

（5）非消费身份识别。

（6）查询（图书借阅状态查询、安全状态查询等）。

（7）信息提示（预定信息提示、快递信息提示、提交作业时间提示、考试时间表）。

（8）挂失处理。

（9）个人消费清单。

（10）门禁功能。

（11）上课考勤功能。

四、实践项目案例——游戏《三刀三命》

1. 简介

《三刀三命》是一个策略游戏。假设每人腰间有三把刀，每人血量为3，通过石头、剪刀、布的输赢来确定行动回合。有四种行动：①拔刀（从自己的腰间拔出一把刀）；②攻击（对对方造成自己手上刀数的伤害）；③捡刀（捡取掉落在地上的刀，参见之后刀和位置的说明）；④夺刀（从对方手中夺过一把刀）。拔刀和捡刀无须再次判定，而攻击和夺刀需要再次与对手猜拳输赢来判定行动是否成功。一方血量降低至0则为失败。

刀有三种位置：腰间、手上和地上。腰间的刀只能由自己在自己的回合中抽出。手上和地上拥有的刀数没有限制，手上拥有的刀可以打落对面的刀或是扣除对方血量。（当对方有刀时会优先打落对方的刀，可以理解为对方用刀挡住了你的攻击，但会因此掉落）

2. 功能概述

《三刀三命》要实现一个可以让玩家与计算机对战、玩家和玩家对战的功能。并加入许多其他的功能来增强游戏性。系统功能框架如图3-4-1所示。

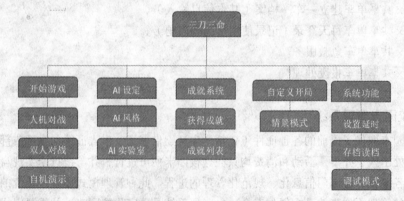

图 3-4-1　系统功能框架图

（1）功能说明。

① 开始游戏：开始一场人机对战的游戏。

② 查看说明：跳出 TXT 的弹窗，内有游戏的规则说明。

③ 读取游戏：从存档中读取状态数据，并在游戏开始时已读取的数据启动。

④ 设置延时：设置每条输出内容间隔的时间。

⑤ 设置 AI 风格：设置人机对战计算机的行为风格（激进，平衡，稳健）。

⑥ 自机演示：观看两个 AI 相互对战。

⑦ 双人对战：两个玩家在同一屏幕前通过输入进行对战。

⑧ 成就列表：观看玩家获得和未获得的游戏成就。

⑨ 自定义开局：玩家可以自己设置开局时的状态（刀数、血量）。

⑩ 情景模式：官方推荐的自定义开局，取胜高难度的情景模式可获得成就。

⑪ AI 实验室：玩家可以自行设定 AI 的行动模式。

（2）功能模块设计。

void show(struct ach *head)//显示成就列表

void ach_r()//从 txt 中读取成就列表

void achget_r()//读取已获得的成就

void achget_w()//在每局游戏结束时写入玩家获得的成就

void achievement1()//第一类成就判断函数

void achievement2()//第二类成就判断函数

int ai_aggressive()//ai 算法（激进型）

int ai_balance()//ai 算法（平衡型）

int ai_steady()//ai 算法（稳健型）

int ai_mechanical()//AI 算法（机械型）

int ai_lab()//AI 实验室

void ai_labset()//AI 实验室设置

int chuquan()//人机对战出拳

void circumstances()//情景模式设定

void comturn()//计算机回合行动

int dzchuquan()//双人对战出拳

void init()//状态初始化

void load()//读档函数

void save()//存档函数

void menu()//菜单及设定

int panduan(int y,int c)//猜拳结果判断函数

void palyer1turn()//玩家 1 的回合行动

void palyer2turn()//玩家 2 的回合行动

void palyerturn()//人机对战玩家回合行动

void palyerturn()//自定义开局设置

void zhuantai()//状态显示函数

3．算法设计

（1）数据结构设计。

成绩的文字说明和成绩的获得情况以 txt 文件存储在应用程序所在文件夹下。

① 存档文件：save.txt，直接存储在程序所在文件夹下。

② 成绩文字说明文件：achievement.txt，直接存储在程序所在文件夹下。

③ 成绩获得情况文件：achget.txt，直接存储在程序所在文件夹下。

（2）关键算法。

关键功能为计算机行动的算法，算法采用分治算法的思想，用分治嵌套分治。由于游戏情况的复杂性，不能用统一的方法给出结果，所以将每种情况进行分类，在每个小类的状况下，给出这种情形的最优解，在不唯一的情况下，用概率来决定计算机的行为，并通过调整概率来模拟出三种风格的 AI，供玩家对战。

AI 的部分是这个游戏最复杂的设计，玩家可以选择不同 AI 的风格，也可以自己设定 AI 各种行为的概率。比如成就系统，AI 实验室和自定义开局（情景模式），增加游戏的乐趣等。

4．系统界面设计

界面风格如图 3-4-2 所示。

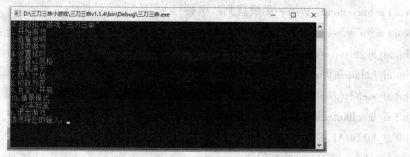

图 3-4-2　界面风格

主要功能界面如图 3-4-3 所示。

人机对战如图 3-4-4 所示。

图 3-4-3　主要功能界面

图 3-4-4　人机对战

双人对战如图 3-4-5 所示。

图 3-4-5 双人对战

存档功能如图 3-4-6 所示。

图 3-4-6 存档功能

读取存档（注意：直接从第三回合开始）如图 3-4-7 和图 3-4-8 所示。

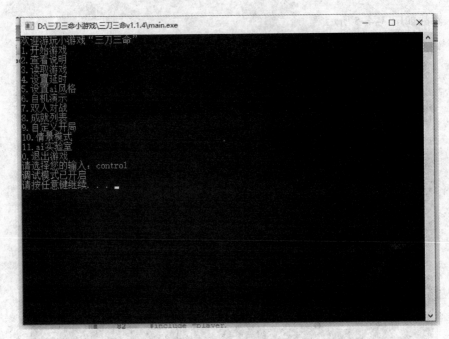

图 3-4-7　A 读取

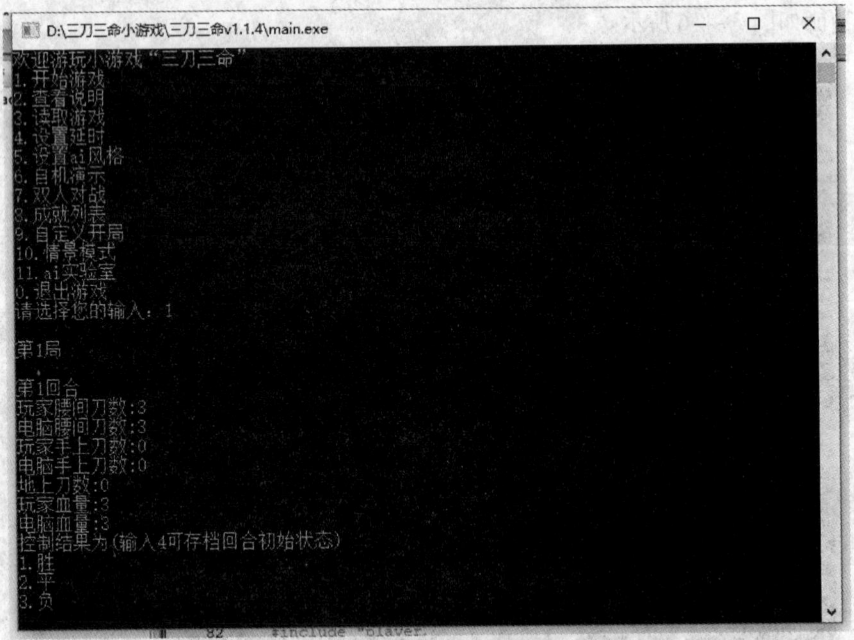

图 3-4-8　B 读取

调试模式如图 3-4-9 所示。

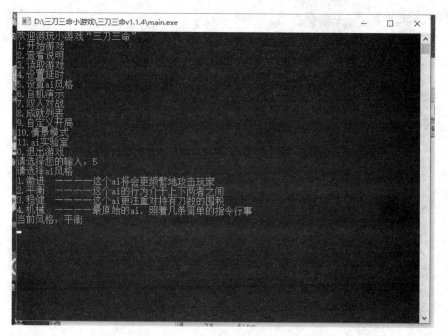

图 3-4-9　调试模式

AI 风格设定如图 3-4-10 所示。

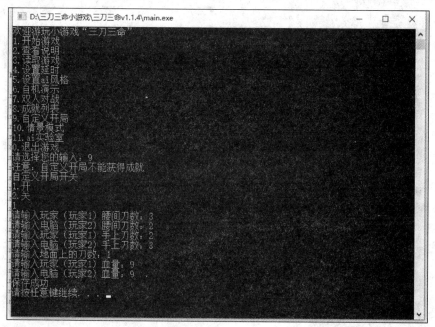

图 3-4-10　AI 风格设定

自定义开局如图 3-4-11 所示。

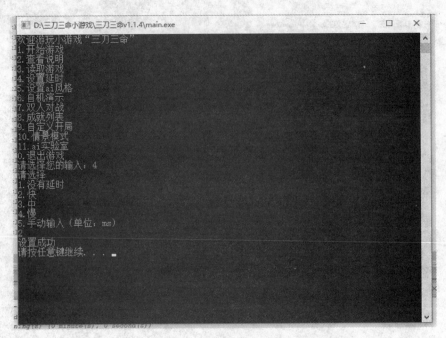

图 3-4-11　自定义开局

延时设置如图 3-4-12 所示。

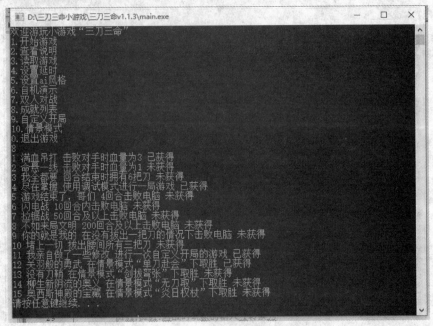

图 3-4-12　延时设置

成绩处理如图 3-4-13 所示。

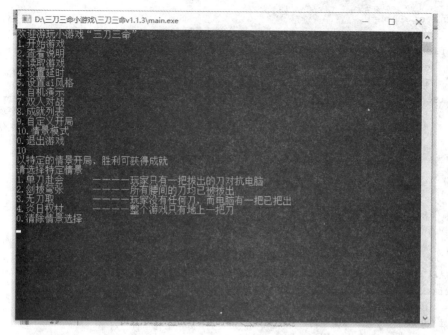

图 3-4-13 成绩处理

情景模式如图 3-4-14 所示。

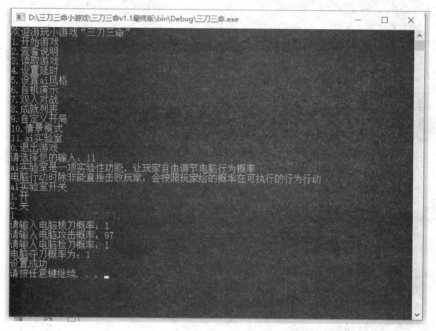

图 3-4-14 情景模式

5. 部分代码

（1）文件 ai_mechanical.c。

```
int ai_mechanical()                    //AI 算法（机械型）
{
```

```
    int correct=0;
    int comxd;                          //计算机行动
    if(comk1>=pk1+pb) comxd=1;          //如果能直接击败玩家则尝试攻击
        else                            //如果不能
        if(g>0) comxd=2;                //地上有刀就捡刀
    else                                //如果地上没刀
        if(pk1>1)                       //而玩家的刀还有两把及以上，估计玩家要攻击了
            comxd=3;                    //那就夺玩家的刀，成功可以减少两点潜在伤害
        else                            //地上没刀，玩家手上也没
            if(comk1>0&&comk>0)         //计算机手上和腰间都有刀
                comxd=rand()%2;         //随机拔刀或攻击
            else                        //其他情况
                if(comk1>1)             //手上有刀（腰间没有）
                    comxd=1;            //就攻击玩家
                else                    //手上没有（腰间有）
                    comxd=0;            //拔刀
/*以下为自我检查代码，保证计算机不会做出违反游戏规则的行为，同时保存出错时的状态以供分析*/
    if(comk>0&&comxd==0)
        correct=1;
    if(comk1>0&&comxd==1)
        correct=1;
    if(g>0&&comxd==2)
        correct=1;
    if(pk1>0&&comxd==3)
        correct=1;
    if(correct)
        return comxd;
    else
    {
        FILE *fp;
        fp=fopen("bug.txt","a");
        fprintf(fp,"pk=%d comk=%d pk1=%d comk1=%d g=%d pb=%d comb=%d comxd=%d
ai_mechanical\n",pk,comk,pk1,comk1,g,pb,comb,comxd);
        fclose(fp);
        while(1)
        {
            comxd=rand()%4;
            if(comk>0&&comxd==0)
                correct=1;
            if(comk1>0&&comxd==1)
                correct=1;
            if(g>0&&comxd==2)
                correct=1;
            if(pk1>0&&comxd==3)
                correct=1;
            if(correct) return comxd;
        }
    }
    return comxd;
}
```

（2）文件 ai_labset.c。

```c
void ai_labset()   //ai 实验室设置
{
    printf("ai 实验室是一项实验性功能，让玩家自由调节电脑行为概率\n 电脑行动时除非能直接
击败玩家，会按照玩家给的概率在可执行的行为行动\n");
    printf("ai 实验室开关\n1.开\n2.关\n");
    while(1)
    {
        scanf("%d",&aimod);
        if(aimod==1||aimod==0)
            break;
        else
            printf("您的输入有误,请重新输入\n");
    }
    aimod=-aimod;
    if(aimod==-1)
    {
        while(1)
        {
            printf("请输入电脑拔刀概率: ");
            scanf("%d",&aipsb[0]);
            printf("请输入电脑攻击概率: ");
            scanf("%d",&aipsb[1]);
            printf("请输入电脑捡刀概率: ");
            scanf("%d",&aipsb[2]);
            aipsb[3]=100-aipsb[0]-aipsb[1]-aipsb[2];
            printf("电脑夺刀概率为: %d\n",aipsb[3]);
            if(aipsb[0]==0||aipsb[1]==0||aipsb[2]==0||aipsb[3]==0)
                printf("概率不能为 0\n");
            else
                break;             }
        printf("设置成功\n");
    }
}
```

（3）文件 ai_lab.c。

```c
int ai_lab()          //ai 实验室
{
    int ra;
    int correct=0;
    int comxd;
    if(comk1>=pk1+pb)          return 1;
    int eb[4]={0,0,0,0};
    if(comk>0)  eb[0]=1;
    if(comk1>0)  eb[1]=1;
    if(g>0)  eb[2]=1;
    if(pk1>0)  eb[3]=1; ra=rand()%(eb[0]*aipsb[0]+eb[1]*a ipsb[1]+eb[2]*aips
b[2]+eb[3]*aipsb[3]);
    if(ra>0&&ra<=eb[0]*aipsb[0])  comxd=0;
    elseif(ra>eb[0]*aipsb[0]&&ra<=eb[0]*aipsb[0]+eb[1]*aipsb[1])
        comxd=1;
```

```
        else
if(ra>eb[0]*aipsb[0]+eb[1]*aipsb[1]&&ra<=eb[0]*aipsb[0]+eb[1]*aipsb[1]+eb[
2]*aipsb[2])          comxd=2;
        else
if(ra>eb[0]*aipsb[0]+eb[1]*aipsb[1]+eb[2]*aipsb[2]&&ra<=eb[0]*aipsb[0]+eb[
1]*aipsb[1]+eb[2]*aipsb[2]+eb[3]*aipsb[3])          comxd=3;
    if(comk>0&&comxd==0)
        correct=1;
    if(comk1>0&&comxd==1)
        correct=1;
    if(g>0&&comxd==2)
        correct=1;
    if(pk1>0&&comxd==3)
        correct=1;
    if(correct)
        return comxd;
    else
    {
        FILE *fp;
        fp=fopen("bug.txt","a");
        fprintf(fp,"pk=%d comk=%d pk1=%d comk1=%d g=%d pb=%d comb=%d comxd=%d
ai_lab\n",pk,comk,pk1,comk1,g,pb,comb,comxd);
        fclose(fp);
        while(1)
        {
            comxd=rand()%4;
            if(comk>0&&comxd==0)
                correct=1;
            if(comk1>0&&comxd==1)
                correct=1;
            if(g>0&&comxd==2)
                correct=1;
            if(pk1>0&&comxd==3)
                correct=1;
            if(correct)
                return comxd;
        }
    }
}
```

（4）文件 panduan.c。

```
int panduan(int y,int c)   //猜拳结果判断函数
{
    if(win==2)
        return 2-ps;
    if(y==c)
        return 0;
    if((y==1&&c==2)||(y==2&&c==3)||(y==3&&c==1))
        return 1;
    if((y==3&&c==2)||(y==1&&c==3)||(y==2&&c==1))
        return -1;
}
```